捨ててしまおう

世界を変えたいなら一度
"武器"を
捨ててしまおう

スキルの奴隷
から抜け出す
7つの
ライフレベル

地政学・戦略学者
奥山真司

*If you would like
to change your world,
throw away "arms" once.*

フォレスト出版

世界を変えたいなら
一度〝武器〟を捨ててしまおう

はじめに

私は国際政治、国際外交を「戦略」という観点から研究している、単なる一研究者に過ぎません。

その私が、なぜあなたに「人生目標の立て方」についてお話しするのかというと、私の研究分野である国際戦略や対外戦略と、あなたの生き方を決める人生戦略（ライフストラテジー）には、かなり共通した考え方があるからです。

その前に、なぜ私がそのことに気づいたのかについてお話しさせていただきます。

私は22歳のとき、カナダに留学しました。そのときは、まさか自分が戦略学の一分野である「地政学」（これについてはのちほど述べます）の研究の道に進むとは思ってもいなかったのですが、留学して衝撃を受けたことがありました。

それは、自分自身の歴史観の足りなさでした。

当時、政治問題に興味があった私は、そのような授業を受けたときに、とくにアジアの学生から歴史認識についての議論を吹っかけられてホトホト困る経験をしました。日本人が学校で歴史を学ぶ場合、多くは古代史から江戸時代までを一生懸命に学び、明治以降の近現代史についてはまったく教えられていません。

私もそんな学生の1人で、論争ではいつもやられてばかりでした。

しかし、それは私だけの個人的な問題ではなかったのです。つまり、歴史観の論争を周りで見ている他国の学生が、反論できない日本人学生を見て、「なんだ、日本人には思想や主張といったものがまったくないのだ」と思われてしまったのです。

彼ら留学生の多くは、自国に帰ってエリートになる人たちですから、日本に対するイメージは**「日本人には核となるアイデンティティーがない」**と刷り込まれます。やがて、そんな彼らが国際政治の舞台へと上がっていくのです。

のちほど詳しく説明していきますが、国際政治の世界というものは、まさに国益をかけたリアリズムの世界です。そこには、駆け引きや裏交渉など、少しでも自国の利益になるような取引が行われます。

その際に、「日本人にはアイデンティティーがない」という外国のエリートたちの刷り込みが大きく作用してくるのです。よく日本は外交面で「刺し身のツマ」だとか

「金を出すだけの国」だとか「大国にならえの国」だとか言われますが、日本が国際政治でナメられるのは、実は日本人に対するこんなイメージに大きく影響されているのです。

その後、私は地政学という学問にのめり込み、イギリスの戦略学の権威で、198 0年代のレーガン政権のブレーンでもあったコリン・グレイ教授に師事し、日本では教えられていない戦略学を学びました。

そこで研究しているうちに、あのカナダに留学していたときの「日本人の歴史観」や「日本人のアイデンティティー」について思いめぐらすようになったのです。

そこで気づいたことは、世界の国々は何よりもアイデンティティーを重視していて、ひいては世界観や歴史観、宗教観などが国の指針のトップに位置しているということでした。そして、このことは国に限らず個人にとっても最優先となる、「生き方の指針」だったのです。

さらに、「戦略」の類書となる欧米のビジネス書や成功哲学書、自己啓発書などを読んでいくうちに、日本人に決定的に足りないものがあることに気づきました。それは、欧米人のライフストラテジーの多くは、自分の世界観を確立したうえで目標に落とし込んでいくというものだったということです。

この事実は、戦略学を研究していれば当然いき着く結論です。というのは、国際社会は自国のアイデンティティーや世界観に沿って国家戦略を練っているからです。言うなれば、これがグローバル社会の常識なのです。

ビジネス書の世界ではアイデンティティーや世界観は、会社や個人のビジョンやミッションという言葉に置き換えられます。つまり、彼らはビジョンやミッションを達成するために戦略を練り、戦術を考え、達成目標（ゴール）を決めていくのです。

この考え方自体はあなたもご存じでしょうし、たいした理論でもありません。

しかし、日本人はビジョンやミッションというものを考えることが苦手です。そもそも確固とした歴史観も持ち合わせていない人が多いのですから、アイデンティティーや世界観と言われてもピンとこないのは当たり前なのです。ですから、ビジョンやミッションから目標を設定しようと多くの本に書いてあっても、われわれ日本人にとってはまるで理解できないのです。

確かに、こうした方法で成功した人もいることでしょう。しかし、ひねくれた見方をしてしまえば、「あなただから成功したんでしょう」と思ってしまいます。だって、その人は成功したからこそ本を書けたのですから。

もちろんこの本の目的も、**ビジョンやミッションを持って戦略的に人生を設計すること**にあります。ただ、日本人にとってこれだけではうまくいかないことが多いのです。ですから、**日本人に合ったライフストラテジー**もこの本の後半で述べていくつもりです。

これが今後、あなたの人生にとって最大の人生戦略となります。

グローバルなライフストラテジーを知り、かつ日本人に必要な戦略が加われば、もうゴールは見えたも同然。

戦略学を知ることで、あなたの人生を新たに切り開く、新しい知恵を手にしてください。

奥山　真司

2012年7月

世界を変えたいなら一度〝武器〟を捨ててしまおう●目次

第2章 戦略を考えるうえで大事な3つのイメージ

第3章

戦略の本質を知れば、世界を変える「人生の戦略」が生まれる

第4章 あなたの人生に「2つの戦略」を授けよう

第1章

なぜ日本人は「戦略」が苦手なのか？

戦略学的にはまったく違う「戦略」と「戦術」の意味

経営やビジネスの現場では、「戦略が大事だ」とか、「戦略なきは敗北する」などという言葉が飛び交います。しかし、この戦略という言葉の本当の意味について理解している人は、残念ながら少ないというのが私の印象です。

私は時々、経営者やビジネスパーソンに向けて、戦略学について講演会などを行わせていただいていますが、このようなセミナーではビジネスの話はほとんどせず、私の専門の戦略学の話をしています。しかし、セミナーを聴きに来る方は、私の専門の話からご自身の仕事の話に置き換えて、戦略とは何かということを知って帰って行かれます。

どうも彼らは私の話を聞くまでは、戦略の本質というものを考えていなかったようで、私が解説する軍事戦略や国家戦略から、戦略の本当の意味を理解していかれるようなのです。

そもそも戦略とは軍事用語であり、平和な日本が戦争から事の本質を学ぶということなどはないわけですから、戦略が分からなくても当然だと思います。同時に、一度も教えられたことのない事柄ですから、なぜ日本人は戦略が苦手なのかということは言わずもがなです。「戦略」を『広辞苑』で調べてみるとこうあります。

――戦術より広範な作戦計画。各種の戦闘を総合し、戦争を全局的に運用する方法。転じて、政治社会運動などで、主要な敵とそれに対応すべき味方との配置を定めることをいう。

正直に言って、余計に分かりません（政治社会運動などでと言われると、さらに分かりませんね）。しかも戦略学の立場から言うと、「戦術より広範な作戦計画」とは「作戦」のことであって、正確には間違った解説です（『広辞苑』を批判するつもりはないですが）。

あとで詳しく説明しますが、戦略学で言う「戦略」とは、簡単に言えば**「その戦争**

にどう勝つか」というレベルの話です。

さらに問題なのは、日本人の多くが戦略と戦術を混同していることです。

とくに会社経営において、この2つを履き違えてしまう経営者が多いように見受けられます。よくビジネス戦略云々という方がいますが、その多くが基本的にすべて戦術のことを語っています。

「わが社の商品力（技術）やサービス力で市場を拡大する」とか「顧客フォローをすればリピート率が高まる」などを〝戦略〟として掲げて、商品における技術力を高めたり、顧客フォローとしてセールスレターに力を入れるわけです。

しかし、これらはすべて戦術と呼ばれるもので、会社経営における本来の戦略とは、「現在ある商品やサービス、資金、社員を使って、他社にどう勝っていくのか」を、戦術よりも高い次元で考えることです。

戦術的に、他社に勝つために商品力を上げる必要があるなら技術を高める必要がありますし、セールスレターに力を入れればいいだけです。しかし、これすらも正確には戦術とは言いません。

なぜなら、いったん戦争に入ってしまったら、武器性能を上げるための研究を始めたり、兵士の訓練を強化しても遅いからです。

今ある武器の総量、今ある兵士の数や技能からいかにしてその戦闘に勝つかを考えるプラン、それが戦術と呼ばれるものであり、それらを具体的にどう動かして戦争の勝利につなげていくかという方法を考えるのが戦略だからです。

このように日本経済を動かしている経営者の多くが、すでに勘違いしている状態ですから、ましてや個人において、「人生の戦略」と言われたところで、まったく分からなくても当然なのです。

技術を磨いても欧米には勝つことはできない

多くの日本人が戦術を戦略だと勘違いしても仕方がないと、私は思っています。

日本は長い間、もの作りを経済の柱としてきました。もの作りというのは、確かに基本的に技術継承で、すごい匠《たくみ》がいたり技術者がいたりして成り立っているものです。

日本には素晴らしい職人がいて、彼らが頑張ってこの国を支えてきたと言っても過言ではありません。

しかし、その技術者がリタイアしていなくなってしまうと、今度はサムスンをはじめとする新興国の企業がイニシアティブをとるような状況になっています。

もの作りには人が蓄積してきた知識というものがあって、そうしたスキルは後世に伝わらないと、結局そこで途絶えてしまうのです。

つまり、技術は1人1人の人間に頼ってしまうため、その人間に関わる比重がすごく高く、継承できなくなると終わりとなってしまうのです。

また、技術というものは時代に革新を与えたとしても、新しい技術が生まれると前時代の技術は誰でも真似できてしまいます。あのソニー王国が崩壊しそうなのも、テレビやパソコンといった家電製品が人件費の安い国へ流れていってしまったことが原因となっている典型的な例です。

結局、技術というものは常に新しいものが求められ、しかもそれが継承されていって磨かれていくものです。

日本の今の問題というのは、すべてもの作りに集約して、とにかくハードなものだけで勝ち残っていこうとした結果なのです。

もの作りというのは文字通りものを作るだけで、一番強いのは買い手です。その買い手がマーケットを握っていて、そうした流通などをすべて握られていることになると、作る側はただ買い叩かれるだけの、いいものを作るだけのお店、その製造業者でしかないのです。

本当は単なる専門店ではなくて、日本は流通を握ったデパートにならなければならないのです。

実は戦略学では、技術のようなハード面でいかに勝つかと考えることは、戦術という低いレベルに属するものなのです。その下のレベルがハードそのものについて考える技術というレベルですから、日本がどれだけ頑張っても欧米に勝てるわけがないのです。

欧米社会を見ると、流通ではアップル社のアプリ、オンラインショップのアマゾンと、彼らは流通の仕組みそのものを握っています。ですから、アプリソフトの売上のロイヤルティーもアマゾンの卸値も、すべて彼らの言いなりになるしかありません。すべてが言い値、製造側はぐうの音も出ないのです。

よく日本では、「ＭＢＡなんか意味がない」という本がたくさんありますが、欧米人はマネジメントなどの上の概念を考える人と、ものを作る人とが完全に分かれています。

言い換えれば、これが戦略のレベルの違いなのです。

コントロールすることが基本だった欧米社会

では、どうして欧米人がこれほど戦略的思考を持っているのか。そして、日本人がどうして戦略を考えることが苦手なのか。あくまでも私見ですが、これを政治学的に考えてみたいと思います。

欧米人と日本人の大きな違い、それは奴隷制と放牧の伝統の有無の違いです。たとえば、イギリスなどは植民地時代にプランテーションで、現地人をまとめて動物のように管理して、コントロールしてきました。

これを別の言葉で言えば、マネジメントです。

彼らはものを作るといった製造面についてはあまりタッチせず、どうすればうまく管理できるかだけを考えてきました。工業製品においては、失礼な言い方をするとまったく知能のない人間をベルトコンベヤーのように働かせ、彼らをいかに管理するかというマニュアルや、コスト削減のための賃金体系などを考えていました。

つまり欧米人は、自国の利益や自分（資本家）の利益のために有利な仕組みを伝統的に作ってきた民族なのです。

一方、日本人は近現代に列強諸国と肩を並べるようになったとはいえ、戦争ではゼロ戦の技術や戦艦技術を磨くことは一生懸命にやってきましたが、もともと管理するという考え方がなかったために、人を統治するという面では、結果的にうまくいきませんでした。

もちろん戦争に負けた理由はほかにもありますが、もともと管理するという考え方がなかったのに領土を広げ過ぎてしまったこと、「戦争に勝つ」ための戦略を持っていなかったことが大きな原因であると思います。

そんな日本人に、自分を管理するための「人生の戦略」を立てなさいというのは酷な話かもしれません。しかし、国際社会のルールのもとで生き残っていくためには、われわれは彼らの思考法を知っておかなければならないのです。

欧米社会は自国の有利となるようなルール作りをする

前項で欧米人と日本人の思考の違いを説明しました。

では、戦略を分かりやすく言えば何なのか。次章以降で詳しく説明していきますが、ここでは欧米人の「コントロールする」という考え方について言及してみたいと思います。

まず、彼らは歴史的に見ても、管理する、コントロールするという思考の蓄積があり、その文化が根づいています。戦略とは何かと簡単に言ってしまえば、**「自分の思い通りにする」「自分の思い通りになるようにコントロールする」**ということです。

日本人の場合、コントロールするというよりも、自分をすでにある与えられた状況に何とか合わせようと考えます。しかし、欧米人はどちらかと言うと、その状況を自分の有利な方向に変えようとします。

すると、ここで何が必要になってくるのかと言うと、自分の思い通りになるような仕組みやルールを作ることです。

この仕組みやルール作りを考えることが、戦略の第一歩なのです。

日本人でもこうした都合の良い状況を生み出すことが大事だということに気づいている人も多くいるかと思いますが、自分の思い通りにルールを作るということが文化的にそこまで染みついていないというのが大きな問題です。ですから結局、日本は何で勝つかというと、与えられた状況のなかでベストをつくすことであり、バブルで負けたあとの１９９０年ぐらいから、またもの作り、もの作りと言い始めてしまったのです。

そして、これだけ追いつめられても、やはり自分たちに都合のよいルールを作ろうということにはならないのです。

もともと、もの作りというハードウェアに関しては、とにかく日本人はものすごく優秀です。かつて黒船がきたとき、「あれと同じものを作れ」ということで、２、３

年のうちには同じものを作ってしまいました。もっと昔の鉄砲伝来のときもまったく一緒で、構造を理解してそれ以上のものを作るのは、日本人が世界でも群を抜いていました。

しかし、その反面、伝統的に、システム全体を構築するとか、ルール作りをするという思想がまったくない、というか苦手なのです。

２０１２年6月5日付の日経新聞の「十字路」というコラムで東レ経営研究所、産業経済調査部チーフエコノミストの増田貴司氏が、グローバル化時代に斬新な製品を世に出して勝つためには、国際標準作りを主導することが重要だ、しかし、ルール作りは日本企業の苦手分野であると書いています。

また、日本ではルールは外から与えられ、それに従うという意識が強いとも言っています。

先ほどのソニーにしても、たとえば、エンターテインメントの分野でなぜ敗北したかという問題があります。製品技術は真似をされるということもありますが、そうした技術の問題よりも、音楽の流通そのものを握られてしまったことのほうが大きいのです。

それはアップル社ｉＴｕｎｅｓの登場にすべてが表れています。アップル側はｉＴｕｎｅｓという新しいシステムとともに、音楽配信のシステム、いわばルール作りも同時に行って、音楽の流通をすべて握ってしまったのです。

ソニーは単なるソニーのなかだけのエンターテインメントはありましたが、自社に有利になるようなルールがなかったために敗北したのです。

とにかく日本人は、戦略という高い位置で物事を考える訓練をしてこなかったわけです。少人数で大人数をコントロールするという思考がやはり苦手で、工場長レベルであればある程度できるのですが、もう少し上のレベルでコントロールすることには長けていない民族なのです。

これは国際政治の世界でも同様です。

欧米社会では、自国の利益のためにいかに有利に持っていくかを、システム全体、ルール作りに焦点を当てた戦略思考で物事を考えます。とくにアメリカという国は、世界という大枠で考えているところがあります。

一方日本は、原発問題に関しても「国内の電力供給量」や「原発は危険である」という、いわばテクニカルな内政問題を議論することに終始してしまいます。３・11後に菅前総理大臣が「原発の全廃」を唱えた際に、当時のフランスのサルコジ大統領が日本に飛んで来たのとは好対照です。

もちろん日本が原発を全廃してしまうと、原発廃止の声が世界中に高まり、フランスの原発メーカーは打撃を被りますから、フランスにとっては自国の利益を損ないます。

しかし、サルコジ氏は自国の利益を唱えず、原発は世界に必要なエネルギーなのだということを主張し続けました。そして、原発をどう有効利用するかの枠組みについてのみ言及したのです。

こうした考え方は国際政治では当然のことであり、自国の利益を守るためには、**「世界」という一番高いレベルでルールを作ろうとする**のです。ところが日本であれば、大地震や大津波がきてもびくともしない原発施設をどう作るかの努力を一生懸命するのでしょう。

確かにこうやって、日本は経済大国になったのは事実なのですが……。

環境を作り出す欧米人、環境を受け入れる日本人

ルール作りという話については、国際政治の世界を見ると一目瞭然にして分かります。たとえば、毎年のように環境問題が国際問題として議論されていますが、私がイギリスにいたときに、地球工学、ジオエンジニアリングというものが雑誌などに取り上げられていました。

今でも週刊誌の『エコノミスト』では環境問題は大きくあつかわれていますが、地球温暖化が問題になったときに、それならば地球の上空に膜を張ってしまえばいいじゃないか、太陽のほうまででかい傘のような装置を持って行って、太陽光が直接当たらないようにすればいいじゃないかと真面目に考えていたりします。

しかも、実際にＣＧまで作ってシミュレーションまでしています。これは日本人の感覚からすると、自然環境をそのように考え、人間が手を入れてしまっていいのかと

思ってしまうのが普通です。

朝日新聞などを見ても、地球工学に対して批判的な論調で、それこそ天罰が下るとでも言わんばかりの勢いですが、アメリカやイギリスにしてみれば、環境がよくないのなら、環境そのものを変えてしまえばいいという考えなのです。

たとえば、エアコンを作るという発想は日本人にはなかなか生まれてきません。気温が高いのであれば水を撒いたり、葦簀《よしず》を立てかけたりして暑さを凌ごうと私たちは考えます。しかし、欧米人は気温を下げる装置を作れないかと考えるのです。

つまり、日本人は環境に個人を合わせようとします。一方、欧米人は環境を変えようとします。日本人の場合は台風がきたら2、3日我慢すれば過ぎ去るだろうと、自然に対して抵抗しても無駄だと考えるのが普通です。

しかしアメリカや中国は、竜巻や台風が起こるのだったら、そのコースを変える手段はないか、コースを変えるような雲ができないかと真面目に考えます。

自分の都合のいいように世界を変えるという思想、ルールや仕組みそのものを変えてしまおうという発想は、日本人にはないということがこういう点からもお分かりいただけると思います。

今の国際政治や国家戦略などを見ていると、こうした発想の違いから問題が生じているという感じがしてなりません。

要するに日本がルール作りで負けているというのは、環境を受け入れることが得意な民族だからです。ルールも環境と同じで、すでにあるルールに順応して従うことも、しかもルールを徹底して守るということに関しては、ほかの国よりも断然強いのです。

まさに決められたルールに従って、粛々とそれを行っていくという感じです。

国連で働いている私の友人が何人かいて、彼らがよく言っていたのが、「日本人はルールを決めることについてはあんまり言わないけれど、いったんルールが決まると、気持ち悪いぐらいによく働くよ」ということです。言われてみれば、日本人の感覚としてこのような行動をしてしまう理由がなんとなく分かります。

CO_2排出規制の問題でも、日本はちょっと大きく見栄を張って、25パーセント削減すると宣言しましたが、一度そうと決めたら一生懸命にやるのです。しかし、CO_2の地球における総排出量の取り決めや、何パーセント削減する、それをいつまでに削減するといったルール作りはどうかと言うと、日本はまったくタッチしていないと言っていいでしょう。やはりルール作りのほうにはあまり口を出さない。

ルール作りのほうは欧米が主導権を握っていて、イギリスが取り決めたルールにアメリカが反対し、ドイツが決めた規制の枠組みにフランスが反対したりと、ルールを握ったほうが自国にとって有利にコントロールできることを知っているのです。

CO_2の排出量などの問題は、ルールを主導していれば自国が有利なように変更することもできるのです。ですから、日本が25パーセント削減と高々と声を上げても、日本の削減量は30パーセントにルールが変わったと言ってしまえば、日本はそれこそ粛々とそのルールを受け入れるしかないのです。

ですから、環境を受け入れるのが日本人であって、日本人はどうしてもその環境を自分で変えようという意識がない。つまり、そこで戦略的に負けているというか、環境問題に取り組まなければならないなら、それに大人しく従って頑張ってしまう。結局、環境に対するルール作りができないから、世界における主導権など握れないわけです。

ルールによって虐げられてきた日本人

日本人がいくら働いても、何か世界であまりリッチじゃない、豊かではないと感じるのは、実は自分たちが具体的なもの（決められたルールに従うこと）しかやっていなくて、ルール作りという自分たちの都合のいいようにできることをやっていないからです。

たとえば、スポーツの世界でも同様です。

日本が得意な種目に対しては、外国人に有利なようにルールが作られていくのを指をくわえて見ているだけです。１９９８年に開かれた長野オリンピックでは、ノルディック複合競技（クロスカントリースキーとスキージャンプの２つのノルディックスキー競技を合わせた種目）でジャンプの得意な日本に対して、そこで稼いだ秒数が下げられるというルールが採用されました。

これは、前年に行われたトロンハイムの世界選手権大会で、ジャンプで加算された秒数を逃げ切って優勝した荻原健司選手を牽制するものでした。

結果的に、翌年の長野オリンピックで優勝候補とされた荻原選手は、ジャンプで稼いだ秒数をノルディックで守り切ることができず、メダルを逃しました。

こうしたことは、金融の世界でも同じことが言えます。

日本の銀行がすごく強くなったら、日本を狙い撃ちするようなBIS規制という自己資本比率8パーセントという新しい国際統一基準が作られました。このルールのおかげで、日本の銀行がバタバタと潰れました。

このように、日本人は自分からルールを都合よく変えていくのではなくて、ほかの国に変えられてきたのです。そのなかで必死にやって、どんどん負けてきたというのが実態なのです。

ルールを守るという面では、日本人は一生懸命でものすごく優秀ですが、いつまでも豊かになれないのは、**基本的にルールのほうを変えようとしないから**なのです。

日本人が「人生の目標設定」が苦手な理由

さて、ここまでなぜ日本人が戦略的でないのか、ルール作りができないのかについて考えてきました。ここでは国や組織ではなく、私たち個人が本当に戦略作りについて苦手なのかどうかという点について考えていきたいと思います。

とくに個人的な課題としては、自分のゴールである目標設定がまず重要になります。当然、多くの人が目標を立てているはずです。しかし同時に、その目標の多くが達成されないまま時が過ぎる人も多いのではないでしょうか。

その原因は何でしょうか。

私はやはり、日本人が戦略的な思考を備えるための教育を受けてこなかったからだと思います。

確かに目標設定はしてきました。たとえば、「○○大学に合格する」だとか「ＴＯ

ＥＩＣで○○点を取る」だとか「3年後に年収○○円を達成する」だとか、そうした目標に対しては、われわれは一生懸命にやってきたはずです。

しかし、そうしたものはすべて戦術であって、すべては単なるスキルを磨いてきただけに過ぎません。世界の人々は、戦略的に人生の目標も立てています。ですから、あなたが戦術レベルですべての目標を達成したとしても、また新たな目標を立て直して、新たな目標のための〝スキル＝武器〟を再び磨いていかなければなりません。

これでは常に新しい〝武器〟を獲得していかなければならず、心が満たされることはありません。そもそもゴール設定が違うのですから。

しかも、自分の人生に有利になるような仕組みを作っていませんから、ひとたび環境が変われば、それに合わせてまた努力し直さなければならないのです。

ルールを変えようとする人は、日本人にはそう多くありません。あのイチロー選手にしても、メジャーリーグで大活躍していますが、メジャーのルールのなかでいかに技術を磨いていくか、順応していくか努力しているのであって、まさかメジャーリーグを牛耳ってやろうとか、野球のシステムそのものを変えてやろうなどとは思っていないはずです。

一方で、そうしたルールを変えてやろうという人が現れているのも事実です。たとえば、ソフトバンクグループ会長の孫正義などはその典型です。彼は原発問題に対して、いち早く代替エネルギーの導入を唱えたり、電力の発電と配電の分離を主張しました。

これなどは、従来のルールを変えてしまおうという考え方です。しかし、日本人でこういった人はごく稀で、孫正義氏は突出した人物と言えます。日本人がルールに対して受け身であることは、たとえて言えば合気道のようなものです。相手がこう来たときはこう動く、相手がこう来たときにはこう流すといったことはとてもうまいのです。

戦争のときによく言われたのが、日本の下士官はものすごく優秀だったという話です。要するに、日本の現場の長は、現場での切り盛りはとてもうまかった。

戦略学の世界ではジョークで、各国の軍隊の組織で最強の軍隊を作ったらどうなるかというシミュレーションがあります。兵隊と下士官は日本人にやらせて、その上の大佐レベルまではドイツ人にやらせる。そして、一番上の将軍はアメリカ人にやらせると世界最強の軍隊ができるという、実際に冗談ともつかない話です。

ただ、ここから言えることは、世界は日本を下士官レベルでは最高だと思っていることです。

現場を切り盛りするという最近の例では、3・11での村井嘉浩宮城県知事の的確な指示が印象に残っています。村井氏はもともと自衛官出身ということもありますが、非常時を切り抜ける際に力を発揮する人は、日本人には多いのです。

しかし、日本人はその上のレベルにいくと、まったくと言っていいほどできていません。会社でも官庁でも、課長レベルまではすごいのだけれども、その先はどうしてもうまくいかない。

この理由は、戦術レベルと戦略レベルではまったく違う能力が要求されるからです。日本人はまずここを理解しなければいけません。

ビジョンやミッションという形の戦略思考

目標の立て方に、まずビジョンやミッションを掲げて、それに従って各目標を立てていくという手法があります。

まさしくこの目標の立て方が、戦略から目標を立てるやり方です。アファメーションというのも、まず自分がなるべき姿をイメージし、そのゴールに向かって目標を落とし込んでいくというもので、基本的には同じです。

しかし、日本人は**「あなたのビジョンやミッションは何ですか？」といきなり言われても即答できない**のではないでしょうか。ビジョンやミッションは自分自身の軸のようなもので、アイデンティティーと言い換えてもよいでしょう。

欧米人はこのアイデンティティーを非常に大事にしていて、それが自身の思想となって表れてきます。

こうした思想がある背景には、やはり宗教があるということが大きいと思います。とくにキリスト教圏では、何世紀にもわたって神学論争を繰り広げていますから、人間の根源のようなものをとことんまで考えてきました。

彼らは常に抽象的なことを議論してきたので、個に対しても大きな枠で考えてきたのです。こうした思想は、ビジョンなどを出すときには有効になってきます。

こうしたビジョンを持って経営にあたった人では、ヤマト運輸の小倉昌男氏が有名です。実は彼はクリスチャンで、思想というものをしっかり持っています。また、言論界では上智大学名誉教授の渡部昇一氏や作家の曽野綾子氏もまた、クリスチャンです。

クリスチャンだからすぐれているということではないのですが、国際社会では宗教観を備えている人は、個人の思想というものをしっかり持っている人が多いのです。「はじめに」で、私が留学先で歴史観について語れなかったという話をしましたが、この歴史観も自分自身の軸のようなものです。こうした歴史観は、先ほど挙げた著名人たちが、当たり前のように持っているものです。

つまり、**ビジョンやミッション、アイデンティティーや思想、宗教観や歴史観というものは、戦略的思考に直結すると考えられます。**同時に、多くの日本人にはこれが薄いため、戦略的思考が弱いことが分かるのです。

あなたも日本とともに没落していくのか？

こうして考えてみますと、日本は「戦略的ではない」「ルール作りができない」「ビジョンを持っていない」となって、これからは世界でも取り残されていく存在となっていきます。

経済の流れも、１９８０年代くらいまでは日本の技術が時代にはまって、貿易もうまく回ってキャッシュを作ることができました。つまり、日本が得意であった製造業でうまく渡り歩いていけたのです。

逆に欧米社会では、技術では抜かれていってしまったために、ハード作りを捨て、ソフトの面に力を注いできました。つまり、流通の仕組みを変えるだとか、金融の仕組みを変えるだとかして、自国にお金が回ってくるシステムを構築したのです。

今、日本の製造業が厳しい状況にさらされているのも、昔の欧米諸国と同じで、ハード作りが得意な日本にどんどん流れていってしまった時代の流れと同じです。日本の製造業はもはや韓国や中国、その他の新興国に流れていってしまいました。

つまり、日本が得意なハード作りが困難になってしまった今、もの作りに固執していれば、いずれ日本も没落していってしまうということなのです。こうした状況が、日本全体に閉塞感として漂っています。それを一番感じているのが、今の若い世代ではないでしょうか。

とはいえ、日本はどこに向かっていけばいいのかがいまだ見えていません。昨今、理系に進もうという人が増えていますが、技術だけで何とかしようと思っている限り、日本は変わりません。それこそ理系国家を目指すのであれば、スティーブ・ジョブズのようなイノベーターや起業家を生み出すしかないのです。

このことは裏を返せば、日本も自国に有利なように世界をコントロールできれば、リーダーが文系であっても食べていけるのです。つまり、戦略的思考が身につけば、文系も理系も関係ないのです。

今アメリカで製造業が復活していますが、これはアメリカが再び技術大国を目指そうというのではありません。あくまでも雇用を生み出すために製造業を復活させているに過ぎません。製造業は雇用を生むのに手っ取り早い方法だからです。

日本の製造業も同じような状況です。現在の日本のメーカーは7人でできる仕事を10人でやっているようなものです。もし7人分の仕事を7人で行えば、3人は失業してしまいます。そうした現象が起これば、300万人以上が失業すると言われています。

そこで生まれたのが派遣社員制度です。需要が縮小すればいつでも首を切れる人材がいるということは、企業にとってはおおいに助かります。また、なかなか首にできない正社員の給料も確保することができます。これが製造業の実態です。

しかし、欧米社会では社員でも首を切られることは当たり前のことで、これはまさに企業が有利になるようなルール作りを歴史的に行ってきた結果なのです。

ＩＴが産業にイノベーションを生み出したことは間違いありませんが、製造業ほど雇用を必要としない産業であったため、大量の失業者を生み出す結果となりました。

人口が増え続けるアメリカでは、新たなる雇用創出の策がなく、製造業を復活させるしか手がなかったということです。言い換えれば、アメリカも没落する可能性が高いのです。

このように、世界はまさにサバイバルな状況を迎えています。**少しでも自国に有利**

なルールを作らなければ、その国は生き残っていけないのです。

このままでは日本は遠くない未来、ただの二流国家に成り下がっていきます。日本のマネーが底をついたときがジ・エンドというわけです。そのときまでに日本が生き残るためには、まずは個人が戦略的な思考を備えなければならないのです。

生き残るには〝武器〟を捨てるしかない

ここまで述べてきたことで、あなたにもだいたいお気づきいただけたでしょう。結局、社会や組織、会社などは、個人を守ってくれないということです。このことは、とくに20代、30代の人たちがうすうす感じてきたことではないでしょうか。

将来は終身雇用なんてない、年金なんてない、医療にだってかかれないかもしれない、不安のまま死んでいくしかない、そんな人生なんて送りたくはない。

もっともだと思います。そんな時代を生き抜いていくには、個人がサバイバルする術を身につけていかなければなりません。しかしその方法は、「スキルを磨くこと」ではないのです。

スキルはあくまでも〝武器〟に過ぎません。武器はいくら性能の高いものを手に入れたとしても、また新しい武器が開発されます。するとその新しい武器を手に入れるために、またスキルを磨かなければならない。

世の中のルールが変われば、それに合わせて新しい武器を手に入れる。そんな人生をあなたは望んでいるのでしょうか。

そして、個においても確固たる思想を持ち合わせていない日本人。では、自分を頼れるのかと問うても、その自信がない。とすれば、開き直って日本とともに没落していくしかないのでしょうか。

それが嫌ならば、この過酷な国際社会の常識を知らなければならないのです。生き残るための思考を手に入れて、スキルのみに頼らない自分を作り上げていかなければならないのです。

そのためには、**私たちは今まで大事にしていた〝武器〟を一度手放す必要があります。**あなたの武器を捨てない限り、ルールの奴隷となるしかありません。そこから抜け出すために、私はあなたに「人生の戦略」を授けたいと思っているのです。

戦略学では当たり前の、自分が生きていくために有利になる戦略。それはサバイバル社会を生き抜く、勝つための思考なのです。

この世界を生き抜くために必要なリアリズム

人生における戦略的思考を備えるために、まずは世界の常識を知っておく必要があります。それは、世界はリアリズムに満ちているということです。

リアリズムとは、基本的にその国家が国際社会のなかで生き残るために貪欲になるということで、周りが助けてくれるということなど期待せず、とにかく一国だけが何が何でも生き残るという視点から物事を考える理論です。

ほかの大きな国にコバンザメのようについていって生き残るのもよし、2つの国を喧嘩させて生き残るのもよし。相手の欲望をコントロールして、自分がいかに常に優位に立っていくかでしのぎを削っていく。そんな冷徹な精神を教えているのがリアリズムなのです。

国際関係というのは、万人の万人に対する闘いというか、絶対に生存し続けるという弱肉強食の世界です。

この生存競争を意識していないのが、平和ボケしてしまった日本ということです。ほかの国を見てみれば、ほとんどの国が軍備を持っているように、生存競争ということが国際社会において前提となっています。日本は今までそうした生存競争というものをあまり意識せずともやってこられた国でしたが、もうそんなことは言っていられる時代ではなくなったのです。

これは個人についても同様です。平和な日本の社会制度がグローバル化の渦に巻かれていっているなか、個人もリアリズムの精神を持って、自分自身で何とか荒波を乗り切っていかなければならないのです。

実際、日本の状況を見れば物質的な豊かさは他国と比べて群を抜いています。バイトでも派遣でも、食べていくぶんにはやっていける。働かなくても何とかなる。そんな雰囲気が、苦労したくない、傷つきたくない、自分にとって悲観的なシナリオを見ようとしない民族にしてしまいました。昨今では下手に働くより生活保護をもらったほうがいいという風潮すら現れています。

こうした逆転現象が起こっている不思議な国が、この日本なのです。しかし、このような生活ができるのも、これまでの日本の遺産があるからであり、この遺産も近い将来なくなることは間違いありません。

世界では誰も守ってくれません。欧米社会では生存競争は常識なのです。そのためにはリアリズムのレンズを通した目で、自分自身を見つめる必要があるのです。

もちろん、私はそうした考えが幸せになれる唯一の方法であるとは言いません。しかし、これまでのようにやられっぱなしの人生が嫌ならば、世界がそうであるように、リアリズムの冷酷な目を持って戦いに挑まなければなりません。

そのためには**スキルの奴隷にならず、一度すべてのスキルを捨ててしまって、もっと上の視点から目標を立て直すことがどうしても不可欠**なのです。「人生の戦略」を立てる前に、一度すべてを捨ててしまって、ガラリと思考を変えない限り、終わりなきツールの世界を追い求め、スキルの奴隷のまま人生を終えることになるのですから。

「人生の戦略を立てるためには、スキルを一度捨ててしまう」

これが戦略を語るうえでの第一歩なのです。

第2章

戦略を考えるうえで大事な3つのイメージ

国際政治学者が考えた、戦争が起こる3つの理由

第1章では、国際政治、国際経済などの側面から、日本人のメンタリティーとして、なぜ日本人は戦略を考えることが苦手なのかということについて考えてみました。

この章では、そうした戦略について、私たち個人はどうイメージすればいいのかということについて解説していきます。

戦略を考える場合、まず戦略そのものをイメージできなければいけません。「戦略をイメージする」と言っても、何のことか分からないかもしれません。そこで、戦略のイメージを国際政治学の観点から考えていきます。

戦略のイメージにあるヒントを与えてくれたのが、アメリカの国際政治学者で、現在カリフォルニア州立大学バークレー校名誉教授のケネス・ウォルツ（１９２４年

〜）という人です。彼は1959年に『Man, the State, and War』という有名な本を出版しました。

この本のなかで、彼は戦争が起こる原因についての先人たちの議論を、個人・国家体制・国際システムの視点から分析しました。

彼の理論は、とくにその後のアメリカの国際政治の理論を変えたと言われていますが、その元になっているのが彼の博士号論文でした。まだ研究生だった当時のウォルツは、先生から「政治哲学に関する論文を書きなさい」と言われて、「戦争はなぜ起きるか？」というテーマを思いつきました。

ウォルツはコロンビア大学の図書館に通い詰めて、この命題を調べ続けました。その間に朝鮮戦争などもあり、彼は兵役があって戦争に行ったり奥さんに戦争に関する本を探してもらったりしながら、戦争の原因について人々が論じたものをとにかく調べまくりました。

そこで分かったのは、戦争が起こる原因がそれぞれ違っていたということでした。とにかく、みんなの説明がすべてバラバラ。たとえば、哲学者が戦争の原因を説明すると、それは「人間の性《さが》」ということになります。人間の本質部分、つまり人間が悪いから戦争が起こるのだというふうになります。

また、社会学者が戦争の原因を説明すると、「人間が悪いのではない。それはある特定の組織が悪いからだ」となります。

たとえば、ドイツが引き起こした第二次世界大戦は、その国を率いた1つのグループであるナチスが悪いから戦争が起こったと説明されるのです。日本で言えば、二・二六事件は皇道派（国体原理派）という組織が悪いとなるわけです。

ナチスや若手将校という組織のせいにするというのは、今で言えば官僚が悪いとか、メディアが悪いという説明と同じです。

さらに別の国際政治学者などは、「組織が悪いのではない。戦争を引き起こす特定の国家の組み合わせが悪いのだ」と言います。国の配列と言いますか、大きい国が2つあって、真ん中に小さい国があるときには、こう戦争するだとか、その位置関係にあるのだというような、国の組み合わせによって戦争が起こるという考え方です。

たとえば、第一次世界大戦が勃発した原因が、バルカン半島で起きたサラエボ事件にあることは有名ですが、当時はバルカン半島の支配をめぐって、三国協商の国家と三国同盟の国家の組み合わせがあり、これが戦争に拡大しました。これなどは、大国同士に挟まれた小さな国（地域）というコンビネーションから戦争が起こるのだと説明する典型的な例と言えます。

このように、戦争の原因についての説明は識者によってもバラバラで、ウォルツはそれらを体系的に大きく３つに分類できると説明しました。

戦争は「ある国家間の関係によって引き起こされる」という「環境」を原因として起こるというもの、「各国の軍隊の意向や状況によって引き起こされる」という「組織」を原因として起こるもの、そして、「人間の性によって引き起こされる」というものの３つです。

さらに彼は、これら３つを「イメージ」として分類しました。

すべての事象は3つのイメージで説明できる

戦争が起こる原因を３つに分類し、それを体系的に落とし込んだのが、ウォルツの

「3つのイメージ」と呼ばれるものです。

彼は戦争の原因を研究しているときに3つのイメージがあるということに気づきました。そして、人間の本質を原因としたものをファーストイメージ、組織を原因としたものをセカンドイメージ、国家や環境を原因にしたものをサードイメージとしたのです。

これを分かりやすく説明すると、たとえばトヨタの業績を語る場合などで使い分けることができます。

最近ではレクサスの売上上昇などで業績回復をしているようですが、トヨタは2009年にアメリカで起きたリコール問題で、メディアからその原因について多くの論評が書かれました。

人間の本質（個人）というファーストイメージで言えば、リコールに対して早急に対応できなかった経営者個人が悪いという論調です。

確かにアメリカでリコールが起きたとき、トヨタの社長はダボス会議に出席していたために幹部の対応が遅れ、最終的にはアメリカ連邦議会による公聴会にまで発展しました。

株主第一主義のアメリカは最高経営責任者（CEO）らに対する追及がとても厳し

い国です。あのとき、社長が迅速な対応をしていれば、公聴会が開かれるという不名誉な事態にならなかったかもしれません。とにかく「社長が悪い」という論調でトヨタを叩いていたマスコミがありました。

また、別の論調では「トヨタという組織が官僚的になり過ぎた」というものもありました。肥大化した組織ではリコールに迅速に対応できなかった、つまりトヨタという企業そのものに問題があったのではないかというものです。

これはウォルツの言うセカンドイメージに当たります。

最後は、自動車産業自体の景気が悪化していて、そうした環境のなかで起こったリコールだとするものです。当時はゼネラルモーターズ（GM）にチャプターイレブン（米連邦破産法11条）が適用され、自動車産業自体の景気そのものが顕著に落ち込んだ環境でした。つまり、世界でトヨタの大規模なリコールが起こったのは、自動車産業界全体の斜陽化を意味するという論調です。

これは「環境」を原因とするサードイメージに当たります。

こう考えると、私たちはすべての物事を「環境」「組織」「個人」（私はウォルツの人間の本質を個人と置き換えて考えています）のいずれかで判断しているということになるのです。

自分自身を3つのイメージのなかで考える

まず、最も大きな枠組みであるサードイメージについて考えてみます。

サードイメージは、基本的に自分の置かれている状況や環境のせいにすることです。たとえば、「世の中の景気が悪いからだ」「若者にとって不遇な時代だ」というように「環境」を主眼に置いて考えることです。よく景気をものすごく気にする人がいます。そんな人たちは、今社会はこういう状態で、若者の何パーセントの雇用がないと言います。

しかし、私が思うに、あなたが生き残るうえで、世間の状況なんて関係ないのです。問題は景気ではなく、あなたが儲けているか、幸せかどうかなのですから。

私の講演会に参加された方のなかにも、「1ドル何円になりますか?」という質問をされる方がいます。それは国家や会社にとっては多少関係するのかもしれませんが、個人にとってはほとんど重要ではありません。

つまり、サードイメージにフォーカスしようがしまいが、世界の状況が何であろうが、儲けている人は儲けていて、幸せな人は幸せなわけです。むしろ、そうした状況に自分を順応させることのほうが重要で、世の中があなたを何とかしてくれるわけではありません。

次に一番多くの人が持つイメージが、セカンドイメージで物事を考えることです。これは「会社が悪いから」「学校が悪いから」「今働いている部署が悪いから」と組織のせいにすることです。

いわゆる世に言われるビジネス戦略とか経営戦略本というのは、すべてにおいてセカンドイメージの話ばかりです。

経営戦略の話は、その組織をいかに運営して効率よく運営するかとか、どういう戦略を使うのかというものばかりです。多くのビジネス書も、売上目標額を設定して云々と言います。マーケット戦略という話でも、大企業のなかでも一番弱い分野は必ずあるから、そこで数的有利を得て、だんだんとマーケットを侵食していきましょうとなります。

しかし、私はこれらすべてが戦略ではなく、戦術について語っていると思っています。

最近流行りのドラッカーの理論なども、組織をいかにマネジメントしていくかに主眼が置かれています。イノベーション云々という話なども全部そうで、基本的にその組織をいかにうまく運用するかという話ばかりです。『ハーバードビジネスレビュー』誌でもいかに組織をなんとかするかという話ばかりです。

その組織を運営している自分がどうするかという話は、たまにリーダー論の形で出てきますが、いずれも基本はセカンドイメージの組織論です。

結局、組織論はすべてセカンドイメージで、問題はすべてがここにあるとします。状況や環境は関係ない、組織をうまく効率化し順応していけば、世の中にまだまだ打って出られるという解釈です。

しかし、このセカンドイメージだけで考えても意味がありません。

組織には自分も属しているかもしれませんが、あくまでも組織の話であって、これから個人で生き残り、個人にフォーカスしていくわけですから、まずあなた自身が重要であって、組織よりも、あなたがよくならなければならないからです。

組織を変えろだとか、仕組みを変えろだとかいうものは、個人としては手のつけようがありません。とくに20代や30代の人にとっては、正直関係のない話です。

最も関係のありそうな経営者の人たちでも、知識を取り入れることは重要ですが、本当は変わるために勉強する自分が一番大事なわけです。経営戦略自体が重要なのではなくて、その勉強している自分こそが一番大事になってくるわけです。

翻って、あなた自身がイメージしなければならないのは、組織を変えようとするのではなく、いかに自分の価値を上げるかです。

たとえば、常にトップの指示待ちをしていて、任された仕事をいかに効率よくこなし、技術をスキルアップしていくという考えでは、もし組織の仕組みが変わってしまえば、そのスキルは使いものにならなくなる可能性があります。このように、ころころ変わる指示に対してそのつどスキルを磨いていくことは、何の問題解決にもならないのです。

つまり、組織はあなたの努力だけでは変わらないということです。

それよりも、自分自身に対してもっと戦略的に動いたほうがいい。あなたが社長だったらこう動くだろうなと思って、先手を打って何かいろいろやってみるというのもあるかもしれません。

私もすごい経営者の方を前にして講演したことがあります。また、何年かして社長になって私にメールをくれた方もいます。そういった人たちには共通項があります。彼らはすでに平社員のときから、自分を社長のように考えて仕事をしているのです。

今いる自分のポジションをはるかに超えて、会社という組織の一番上のところから物事を考えて行動しているのです。これは戦略学的には**「抽象度が高い」**と言います（のちほど詳しく解説します）が、ただの社員として働いていると、結局会社が悪いだとか社長が悪いということしか見えてきません。

しかし、「私が社長だったらどうする？」と考えることで、高い次元から物事を見られるようになるのです。たとえば、京セラの稲盛和夫氏の提唱した「アメーバ経営」と呼ばれるものは、社員全員が個人的に社長になった気持ちでやる、1人1人が経営者なんだという考えで徹底的にやるわけです。

戦略を考える前提としての「３つのイメージ」

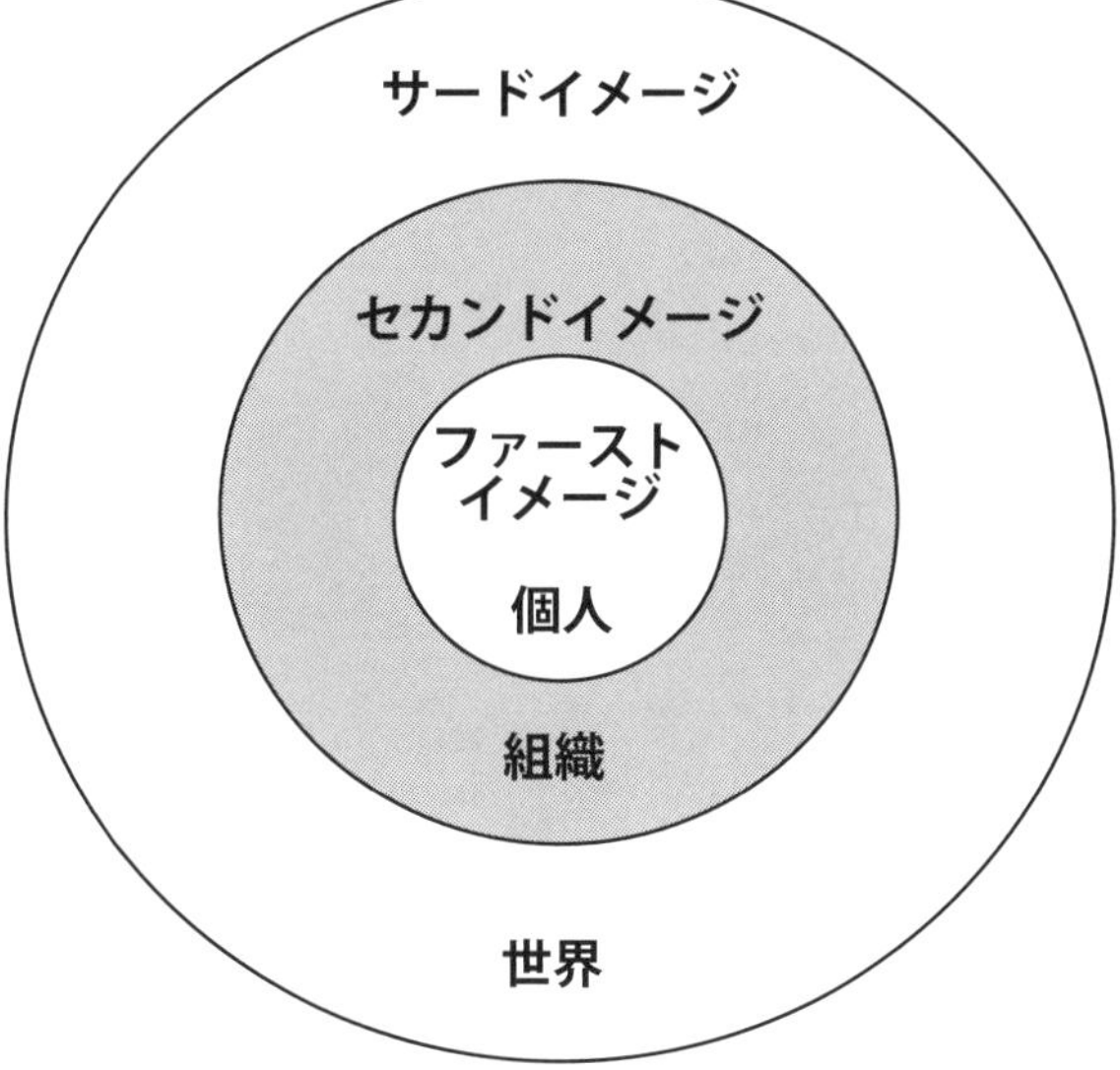

サードイメージ ……すべては「世界」が原因であるという考え方
（時代、政治、景気、自然環境、土地など）

↑

セカンドイメージ ……すべては「組織」が原因であるという考え方
（国、官僚、会社、部署、学校、家族など）

↑

ファーストイメージ ……すべては「あなた」が原因であるという考え方
（人間の本質、人間の性、個人、自己責任、自分中心、我など）

これは組織に頼らない、ファーストイメージの考え方なのです。

あなた自身のことで考えてみると、仕事で成功して年収何千万円もらいたいと目標を立てるとします。しかし、ファーストイメージの考え方からは、この目標の立て方は間違っています。

年収を上げるためにスキルを磨く、年収を上げるために売上を上げる、年収を上げるためにチームの業績を上げるというのは戦略ではなく、すでに戦術だからです。

グーグルの副社長をしていた村上憲郎氏の『村上式シンプル仕事術』（ダイヤモンド社刊）という本のなかで、彼は目の前の仕事に集中しつつも、常に意識は「俺はこの世界のために何が貢献できるのだろうか」と考えながら仕事をしていたと書いていました。

要するに、その目の前の仕事に集中してやっているけれど、意識はどこか上に持っていっているのです。仕事を上から見ることによって自分を客観的に判断できるようにする。これもやはり抽象度を上げて、ファーストイメージで考えていることになるのです。

言い換えるとすれば、実際は蟻のように働いていても、時々鳥の視点で上から自分自身を客観的に見つめるという感じです。

とにかく、世の中には3つのイメージで分析し、そのなかで自分自身をとらえていくということが大切なのです。

ファーストイメージを持って生きる

3つのイメージのなかで一番大事なのが、ファーストイメージです。ファーストイメージは、ウォルツの考え方で言うと人間哲学であって、人間の本質によって世界は悪がはびこるとするものです。彼は戦争の原因を研究していましたから、その原因の1つは人間に悪いものがあるからだとしました。ではそれをどうしたらいいかというと、最終的には教育しかないと言うわけです。

ただ私が考えているファーストイメージは、それを少し変えています。人間の本質という部分を「個人」に当てはめたわけです。私のファーストイメージの考え方は、**「あなたにとっての世界、つまりこの今現在に、もし不都合な現状があるとしたら、それはすべてあなたが原因である」**というものです。

ここを強烈に自分中心に考えるというか、自分中心という「軸」がないと成功できないのです。成功している人というのは、多かれ少なかれやはり「すべての原因は自分にある」と考えている人が多いのです。

そういう意味では、ファーストイメージを持っている人というのは、わがままというか、自分の我みたいなものをちゃんと持っている人です。これは言い換えれば「自己責任」、強烈なまでの自己責任を持っているということなのです。

これは、将来リーダーになっていくための絶対条件です。

人間は落ち込んだときこそ自分が変わらなければ、状況は改善しないものです。人生を考えたとき、誰しもどこかでドーンと落ち込むことがあります。その落ち込んだときに、「ああ、このままじゃダメだな、じゃあ明日からちょっと勉強しようかな」という思考が、まさにファーストイメージなのです。

最終的には、別に誰もあなたのことに責任は持てません。責任を持っているのは親でもないし、会社でも社会でもありません。**世の中を変えるのは、結局は自分しかいないのです**。すべては自己責任であるという考え方こそが、ファーストイメージ思考ということなのです。

ファーストイメージでセカンドイメージやサードイメージも変えてしまう

自分がダメな原因というのは、環境のせいにするか、組織のせいにするかの２つであるということが分かりました。しかし、さらに上のレベルに自分を置くこともできます。

それは、国家のレベルにおいても、個人の責任であると考えることです。

たとえば、イギリスのサッチャー元首相のように、個人の力で世界を変えることができるという例もあります。サッチャーは完全に個人の責任の取り方に対する考え方があったから、フォークランド紛争で島を取り返しました。また、悪い例ではありますが、ヒトラーは個人の責任でソ連に侵攻して行きました。

つまり、個人のリーダーシップで国家を動かしていくということもありますし、そういった形で戦争も起こっているのです。これはいい悪いということではありません。少なからず、ファーストイメージを持っている人物は、世の中を変える力を秘めているのです。

かつては、そうしたファーストイメージを持った日本人も数多くいました。

たとえば、日清戦争や日露戦争で活躍した軍人たちは、各所で全員が個人の能力を発揮していきました。しかも全員、置かれた環境や組織に頼らず、自分がこの国を救うという使命感で動いていたのです。

日露戦争で活躍した秋山兄弟をはじめとする明治時代のエリートたちは、自分が1日休んでしまったら、日本が1日遅れるという意識で動いていました。また、東郷平八郎のような立派なリーダーシップを持った人物も現れました。

こうした考え方の根底には、もし日本がロシアに敗れれば、祖国が植民地となってしまうというリアリズムの精神があったからです。そのことが1人1人にリアルに実感されていたのです。確かに戦争になってしまったという環境もあったでしょう。また、負けるかもしれないという恐怖があったかもしれませんが、軍隊という組織が戦争やむなしと判断すれば、その組織を変えることなど考えても仕方がなかったのでしょう。それよりも自分が何とか打開しなければならないという、あたかも自分の責任のように、彼らは己の職務に熱心に取り組んだのです。

日本の素晴らしい経営者に、司馬遼太郎が描いた「坂の上の雲」の時代をこよなく愛する人が多いのも、結局は自分がやる、やっぱり自分がやるしかない、自分が状況を変えるという当時の軍人たちに自分自身を投影しているからです。

戦略学の世界では、とくにファーストイメージが強かった人物としてナポレオンが引き合いに出されます。彼は自分が置かれた状況や環境というサードイメージすら、自分が作り出すものだと言っているのです。それは強烈なまでのファーストイメージ思考なのです。

若い人たちでも基本的に自分が変わるしかない、自分がリードしていくしかないということを言う人がいます。また、ビジネス書でも自分が変わらなければ世界は変わらないと書いてある本もあります。

しかし、自分を変えるということは、サードイメージとセカンドイメージを分かったうえでファーストイメージを持ち続けないと、単なる思い込みで終わってしまうのです。

環境や組織というものは、正直変わるものではありません。しかし、逆説的ですがこの2つを変えるためには、やはり自分を変えるしかないのです。

世界を変えられるのはあなただけ

世界の今のこの状態で不満足なら、まずあなたを変えていくしかないのですが、そのためには**すべての責任はあなた自身にある**ということを自覚しなければなりません。言い換えれば、あなたが満足するような世界やあなたが幸せを感じるような世界を、自分で作るしかないということです。

それは、あなたしか作れません。

しかし、いきなり会社に入って、その会社を変えることはできないでしょう。ならば「変えられないじゃないか」と言う人もいるかもしれません。

ここで私が言いたいことは、社会に出るときから戦略的に上のレベルで考えるように訓練しておいたほうがいいということです。そうすれば、無駄になる動きをできるだけ排して、戦略から見て必要なスキルだけを習得して、どんな人脈を構築すればいいかということが自分のイメージのなかで確立できるからです。

自分自身の人生を変化させることができるポイントというのは、あなたがどのレベルにいても必ず見つかります。そのときに大事なスキルは何かということも、小さい選択として考えることができるのです。

戦略的なバックボーンがあれば、こうした選択のなかに常に自分のゴールをイメージできますし、意味のない転職や、自分が好きでもない仕事を選択せずにすみます。

これはすべてが自己責任だということです。世界では個人主義と呼びます。

こうした考え方は日本では嫌われますが、成功した人というのは失敗したときこそ自己責任を負うものです。しかも自分が頑張ったから成功したとは本当に思っていないものです。

たまたま成功しただけ、運がよかっただけ、タイミングがよかっただけ、うちの社員が素晴らしかったからと、自分の力ではなく、偶然の力を強調します。しかし、失敗したときはすべて自分に責任があると言います。

逆に言えば、たいていの成功者は、失敗したときこそ自分が変わることによって状況を改善できると思っているわけです。つまり、悪いことに関しては自分が悪いからだと考えないと、そもそも思考は変わらないし、現状を変えていく力やエネルギーが生まれてこないのです。

ですから、あなたもまずあらゆる事象、社会も組織も、今の状況はすべて自分の責任だという考え方を維持すべきなのです。

自分には世界を変えられるパワーがあるのだと自覚することから始めるのです。どんな状況に置かれても、それは決して絶望ではなく、希望なのです。

ファーストイメージに気づいた、ある司教の言葉

この章の最後に、あなたを変えるファーストイメージを強く持っていただくために、ある話を贈ります。それは『７つの習慣――ティーンズ』（キングベアー出版刊）に出てくる大主教の話です。

彼は英国国教会の主教でした。英国国教会というのは、現在のローマカソリックと袂を分かったキリスト教の宗派です。現在のトップはエリザベス女王が兼ねていますが、その下に大主教がいます。

最近ではウィリアム王子とキャサリン妃が結婚式を挙げました。彼らが結婚式を挙げたウエストミンスター寺院がロンドンの中心にありますが、そこが英国国教会の有名な教会です。そのウエストミンスター寺院の地下には、亡くなった主教たちの柩が並んでいます。

枢には、必ず辞世の句のような文言が書かれています。そのなかに以下のような素晴らしい言葉が残っています。

「私は若い頃、世界のすべてを変えてやろうと思った。ところが、世界はなかなか変わらなかった。そこで私は視点を変えて、それでは教会を変えてやろうと思った。しかし、努力してもなかなか変わることはなかった。そこで私は、また視点を変えた。教会が変わらないのだったら家族を変えてやろうと。しかし、その家族すら変えることができなかった。そして今、私は死の床にある。その今になって気づいたことがある。それは、自分が変わらなければ何も変わらないということだ――」

これは完全にファーストイメージ思考の話をしています。サードイメージの「世界」は変わらなかった。セカンドイメージの「教会」や「家族」も変わらなかった。結局、ファーストイメージの「自分」を変えるしかなかったのだと。

この主教は、死の床につくにいたってそのことに気づきました。しかし、あなたは今、自分を変えるパワーを持っていることに気づいたのです。３つのイメージを理解していれば、ファーストイメージが自分の人生にとっていかに大事か、周りを見る前にまず自分自身を見る。

サードイメージもセカンドイメージも関係ありません。すべては自分自身にあるのだと知ったとき、本当のビジョンや思想といったものが生まれてくるのです。

第3章

戦略の本質を知れば、世界を変える「人生の戦略」が生まれる

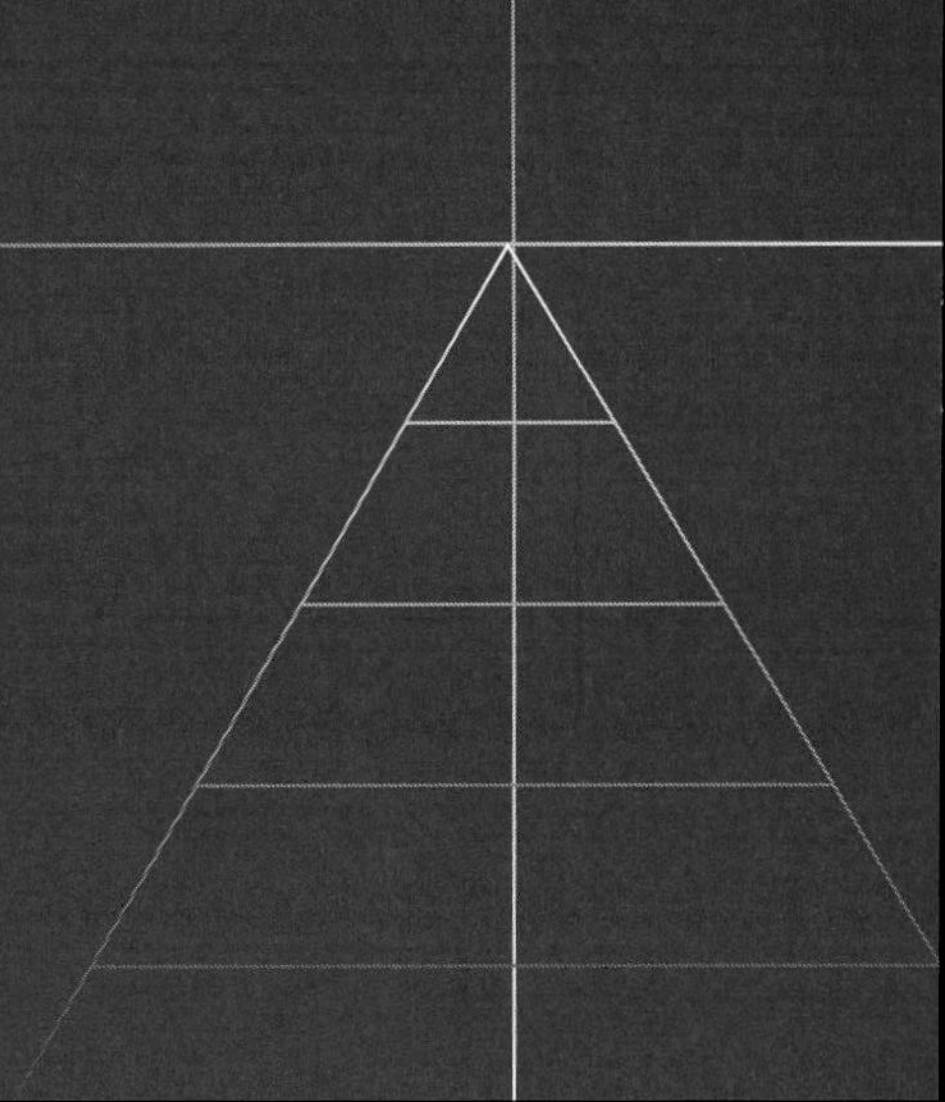

「戦略」は「戦術」よりもスケールが大きい概念

この章では、いよいよ戦略の本質に迫っていきます。戦略ということのみに意識をフォーカスして読み進めてください。

第1章でも簡単に触れましたが、もう一度、「戦略とは何か?」ということについて考えていきます。教科書的な話から言えば、戦略は古代ギリシャの頃の「ストラテグス」や「ストラテジカ」という言葉が語源になっています。

「ストラテジカ」は「軍の指揮者(の治める土地)」という意味ですが、この頃はまだその下位に当たる「戦術」とは完全な区別がされていませんでした。これを18世紀に「将軍の使う術」という意味で「ラ・ストラテジック」と表したのはギベールというフランスの軍事思想家です。

では「戦術」はどうなるのかと言うと、基本的には「兵士が戦うための術」ということになります。

ここで注意していただきたいのは、「戦略」はトップに近い将軍たち、「戦術」は実際の戦闘を行う兵士たちが使うメソッドということで、それぞれ使われる「レベル」が違うという点です。

たとえばこれは、会社のエグゼクティブたちの使う方法論と、現場の営業や工場の業務で使う方法論はまったく違うということと同じです。そういう意味で、戦略と戦術というのは、それぞれ使われるレベルが違うのです。あとで説明しますが、この違いは「抽象度」の違いだと言い換えることができます。

では、この本のテーマになっている「戦略」についてですが、私の専門分野のほうから考えると、基本的に「戦闘」ではなく、「戦争」に勝つ方法ということになります。「戦闘」とは、言ってみれば個別の戦場での対処の仕方となりますが、「戦争」になると国家レベルまで発展します。ですから、あつかうスケールが一気に拡大するわけです。

戦闘に勝つ方法、つまり戦術と、戦争に勝つ方法、要するに戦略では、そのスケールが違うということはお分かりいただけると思います。戦略と戦術では、そもそもあつかう範囲がまったく違うわけです。

ところが、日本のメディアや本などで使われている「戦略」は、どちらかと言うと「戦術」だらけ。つまり、日本人は戦略というものを個別の戦闘、戦術的なバトルのレベルで勝つためのものだとする考え方が強いということです。もともと日本人が「戦略」というレベルで考えることに慣れていないのは、第1章でも説明した通りです。

戦争に勝ったあともコントロールできることが戦略レベル

そこで「戦略とは何か?」について考え直してみると、単純に言えば「戦争に勝つやり方」ということになるのですが、究極まで突き詰めて考えていくと、結局のところ、「相手をコントロールするためのプラン」ということになります。

これも第1章で少し触れたことですが、相手をコントロールすることが戦略とは、少し意外に感じるかもしれません。しかし、意外と感じてしまうところが、日本のなかでいかに今まで「戦略」というものが正しく理解されてこなかったかという証拠でもあるのです。

戦略は勝つためというより、コントロールするために使われるものだったのです。

では「コントロールする」とはどういうことでしょうか。

これは末端のレベルの「戦闘」での目的が「勝利」（ヴィクトリー）であるのとは違って、もっと長期的に自分を優位に立たせるような、自分にとって都合のよい状況を維持するために使われる術やプランのことなのです。

やや極端に言えば、一発勝負の局地戦で相手に勝つために使われるのが「戦術」で、もっと長い期間にわたって相手よりも自分の優位を確保するために大規模なレベルで使われるのが「戦略」と言い換えてもいいかもしれません。

そして、このように規模が大きくなったレベルでは、単に戦争に勝利するよりも、勝利を収めた先のことまで考えて、自分の優位の維持を狙わなければならないということになります。

戦争で考えると、戦時で勝つだけでなく、その先の平時というか、平和になったあとでも勝ち続ける状態を維持できるような状況を作らないといけないのです。

そのために必要となってくるのが、最初から相手をコントロールすることを狙った

「戦略」なのです。

「戦略」は科学的なものではない

長期にわたるコントロールを実行するためには何が必要かというと、これが「戦略」ということになるのですが、そもそも戦略というのは1つの理論、つまり、セオリーと考えることができます。

セオリーであるということは、厳密に言えば、時代や場所に関係ない普遍的なもので、誰が使っても同じ結果が出る、宇宙に存在するメカニズムやロジックを説明したものということになるのかもしれません。

ところが実際は、物理のような「科学」系の法則とは違って、戦略のセオリーというのはそこまでしっかりとしたものではなく、あくまでも簡単な理屈を述べたものです。極端に言えば「術」みたいなものだと考えればいいでしょう。

この「術」ですが、英語では「アート（art）」と呼ばれていて、「科学（science）」とは違うものです。

もちろん戦略学で戦略を専門に研究している人たちは、戦略を「科学的」に分析しようとしていますが、その戦略を現場で実行している政治家や将軍、企業のトップの人たちには、よほどの余裕がない限り、そこまで科学的に細かくデータを調べて客観的に物事を判断している時間的余裕はありません。

そうなってくると、彼らが戦略を実行するという行為は科学的判断ではなく、強いて言えば、経験や知識に裏打ちされた「直観」によって判断されるものなのです。そこには科学のような客観性というものはなく、あくまでも主観をベースにした判断だということになります。

これこそが、戦略を「アート」たらしめている本質そのものなのです。

クラウゼヴィッツの『戦争論』から戦略が生まれた

戦略というのは局地的な「勝利」よりも長期の「コントロール」、そして「科学」ではなく「術《アート》」であるという話をしてきましたが、さらにもう一歩踏み込んで考えてみたいと思います。

戦略を「科学的」に分析する場合のアプローチの1つの例として挙げられるのは、「レベルごとに考える」というものです。レベルという考え方は、非常に役に立ちますのでぜひ覚えておいてください。

この「戦略をレベルに分けて考える」ということを最初に提唱したのは、カール・フォン・クラウゼヴィッツ（1780〜1831年）だと言われています。

クラウゼヴィッツはドイツになる前、現在のドイツ北部からポーランドに広がる地域にあった、プロシアという王国の軍人でした。彼はヨーロッパ全体がナポレオン率いるフランスにめちゃくちゃにされていた頃と同じ時期に、ナポレオンに対抗する側に回って戦っていた人ですが、敵ながらあっぱれなナポレオンとの戦いに参加して実感したことをいろいろとまとめていたのです。

しかし彼自身は、本にまとめることはできずに、戦場で病気になって死んでしまいます。それを最愛の奥さんが死後にまとめたものが『戦争論』（岩波・中公文庫刊）という本です。戦争を哲学としてまとめた非常に難解な内容ですが、このなかで「戦略」と「戦術」をレベルが違うものとして区別して考えていたのです。

さらに言えば、彼は下から「戦術」「戦略」「政策」という３つの階層、いわゆるレベルを想定していて、戦略というものは戦術と政策の間に位置する概念であるとしたのです。

要するに、政治マターを軍隊による戦闘という実行手段においていかに相手国に押しつけるかを論じたわけで、これまでなかった新しい発想法だったわけです。

そこから「戦争とは自らの意志を相手に屈服せしめるための行為のことだ」とか、「戦争とはほかの手段による政治の延長に過ぎない」ということを結論づけたのです。

言い換えると、政策（政治）を戦術という武力手段で押し通す最終目的のために必要な概念として、その中間に「戦略」という考え方が生まれたのです。

戦略をつかさどる最高レベルの新しい概念

このクラウゼヴィッツのレベルの分類をさらに発展させて細かく分類したのが、エドワード・ルトワック（1942年〜）というアメリカ人の戦略家です。

日本では経済評論家の長谷川慶太郎氏による経済関係の本の翻訳（『アメリカンドリームの終焉』飛鳥新社刊）がありますが、一般的にはほとんど知られていません。

しかし、「戦略家」としては国際的にも有名な人物です。彼はもともとはイタリア系のユダヤ人で、デビュー作でローマ帝国の大戦略に関する本を出してから有名になり、1980年代に戦略論において革命的な本を出して「戦略家」としての地位を確立しました。

ルトワックも、やはりクラウゼヴィッツが言っていたように「戦略にはレベルがあるのではないか」と考えたのです。

彼の場合は、国家が戦争をするときに一番下に「**技術**」のレベルがあって、その上が「**戦術**」、いわゆるタクティクスのレベルがあり、さらにその上が「**作戦**」、つまりオペレーションというレベル、そのもっと上にシアターという「**戦域**」のレベルがあり、そしてさらにその上の頂上に「**大戦略**」というグランド・ストラテジーがあると言ったのです。

このように考えるとお分かりいただけると思いますが、戦略というのは、下に3つか4つの階層があって、それを上から統治しているわけです。そうなると「戦略」というのは、実際にはレベルがかなり高いところに位置するものだということが分かります。そして、下から上のレベルに行くほど、あつかう範囲がどんどん広がっていくというものなのです。

また、大戦略のレベルまでいくと、あつかっている事象が直接戦争に関係なくなってくるというのも大きな特徴です。

確かに技術のレベルですと、戦車とか戦闘機、自動小銃、それに敵兵の殺し方のように、直接的に「軍事上の殺し合い」という印象がありますが、一番上の大戦略までいくと、たとえば国家の予算配分や脅威の分析など、軍事・兵隊という色合いが薄れてきます。むしろ「安全保障」や「政治」という枠組みで考えるほうが都合がよくなってきます。つまり、戦略であるのに軍事的色合いがなくなってくるわけです。

さて、ルトワック自身はこの「大戦略」のレベルが一番上であると考えました。しかし、私が師事させていただいた、レディング大学のコリン・グレイ教授（1943年〜）は、この上にさらに2つのレベルが存在すると考えました。それは**「政策」**、つまり政治家や外交官が国家の行くべき方向を決定するポリシーというレベル、さらにその上に**「世界観」**や**「アイデンティティー」**というレベルでした。この概念は、私がイギリスに行って最初にグレイ教授にお会いしたときに、彼の口から私の専門である地政学の位置づけについて聞いた際に教わったことです（彼は「戦域」を**「軍事戦略」**としています）。

この「世界観」や「アイデンティティー」というレベルについては、教授自身も論文などで正式に発表しているわけではなく、何カ所かでこれに似たようなことを書いている貴重な考え方でした。これは**「戦略の階層」**と呼ばれるものです。

戦略の階層

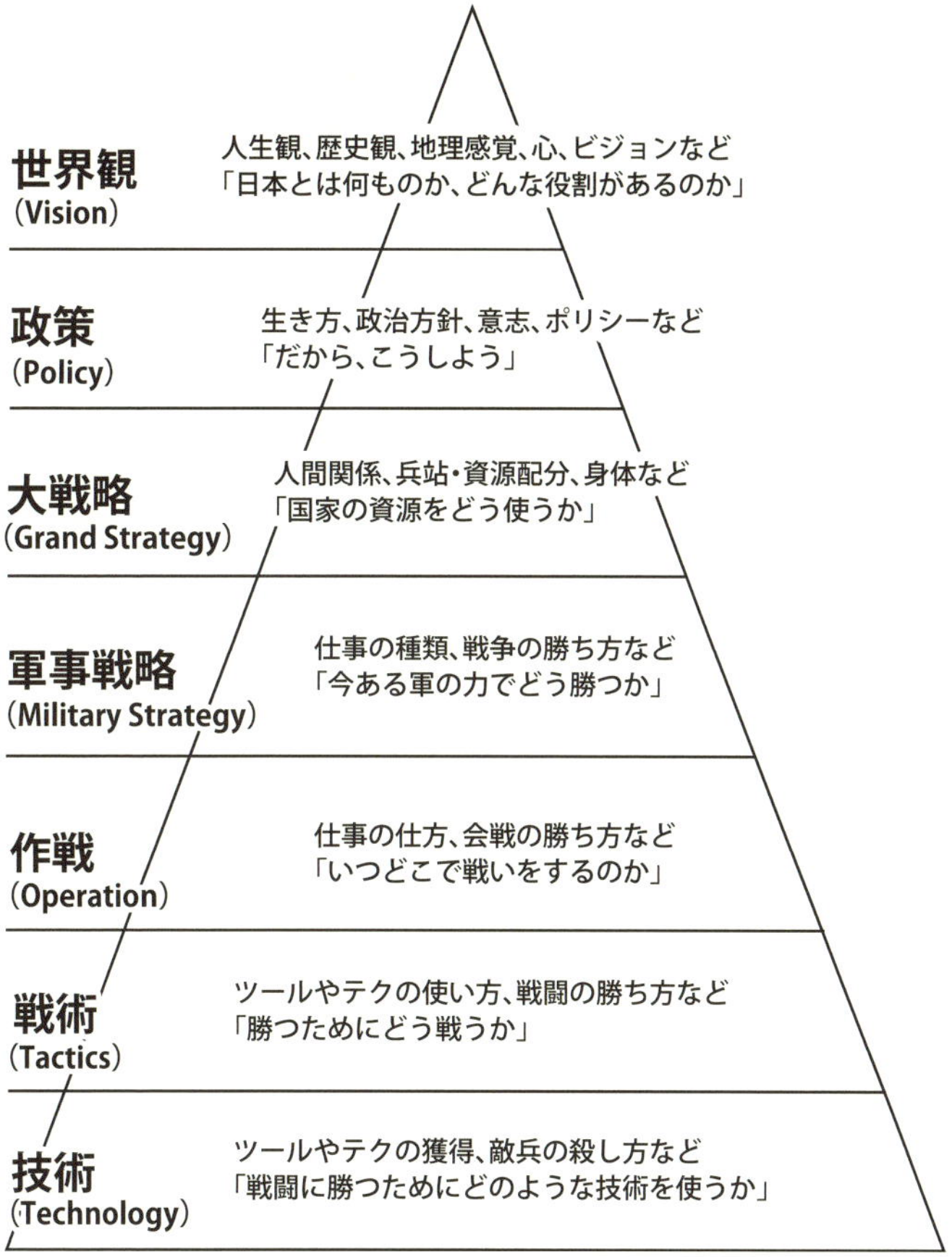

※世界観の上の階層に「宇宙観（死生観、哲学、宗教観、魂、アイデンティティーなど）」がある。

ここでみなさんに覚えておいていただきたいのは、そもそも戦略を考える際に一番重要になってくる源泉というのは、やはり階層の最上段に位置する「世界観」であり、このレベルからすべての物事が決まってくるのだということなのです。

「戦略の階層」は戦争から考えれば分かりやすい

では、この「戦略の階層」について、1つの例を出して考えてみましょう。

まずA国とB国が今にも戦争を始めるような状態になっているとします。国家が今から戦争をするという状況になったときに、まず初めに最も具体的なところから見ていくと、「相手は兵器をどのくらい持っているのか」「相手の兵隊はどのくらいいるのか」「兵士はどのくらい訓練されているのか」ということです。

これがまず初めに具体的に目に見えるところです。「戦略の階層」で言えば「技術」レベル、テクニックレベルになります。

この階層ですが、大胆な言い方をすれば、いかに相手を殺すかという話です。いかに相手を破壊するかの部分ができているかどうかというのは、一番下の「技術」レベルの話です。

この一番下の「技術」レベルという段階だけで見れば、互いに戦車は何台だとか、戦闘機が何機あるという点で比較できます。兵隊の熟練度などもここで比較できます。階層というか、レベルが同じなので、ちょうど跳び箱の段のように、そのまま同じヨコのレベルで優劣を比較できるということになります。

ルトワックはこれを「水平方向」に比較できるという、少し難しい言い方で表現しています。

その次は、「戦術」という階層になります。戦術はチームでバトルするということで、単に武器を持っているだけでは意味がありません。戦車を何台持っているというだけではダメで、戦車をチームでいかにうまくコントロールして、１つの小隊でも中隊でも、とにかく一番下の小さなレベルでのチームワークをオーガナイズし、まとめるといった階層になります。これが「戦術」レベルで、タクティクスと呼ばれます。

その戦術レベルの上が「作戦」レベルで、さらに大規模な会戦などがここに当てはまります。言い換えれば、オペレーションのレベルということになります。

この「作戦」レベルのことを遂行するためには、いくつか戦術をまとめて、1つの大きなプロジェクトをドーンと成功させることが狙いとなります。

たとえば、この本を出している会社を軍事的に制圧する作戦があったとしましょう。仮に「フォレスト出版制圧作戦」とします。

これは飯田橋にあるビルの7階に、今テロリストが3人潜んでいるから、あそこの部屋に突っ込むにはどうしたらいいか、班を3つか4つかに分けて突入するべきだ、と考えるわけです。

これは戦術レベルの話になります。班を3つか4つに分けて、こっちからこう入れるようにしようと考えて実行するわけです。

ところが、このような個々の部隊が使う戦術をいくつか組み合わせて、全体的な「制圧作戦」を成功させるのが「作戦」です。会戦とかキャンペーンと言われるもののレベルですから、かなり大規模なものまで含まれることになります。関ヶ原の戦いや第二次大戦時のノルマンディーの上陸なども、強いて言えば「作戦」です。

ところがこれを、さらに上から規定するレベルがあります。

それが「軍事戦略」です。ここでようやく「戦略」という言葉が登場します。ここは基本的に戦争の勝ち方を考えるレベルで、「作戦」レベルの行動をいくつか同時進行で実行しながら、最終的に国家と国家が雌雄を決するために軍隊で勝つ方法を考えるレベルです。

つまり、全軍で戦争に勝つ方法を考えるレベルということになります。軍隊であれば大佐以上の制服組のトップの高官たちが中心になるレベルです。

さて、ここまで紹介した４つのレベルですが、これらは武器まで含めて軍事的にどう勝つかということを考えるレベルでした。したがって、ここまではまだ具体的な「ハード」の部分が関わってきます。実際の武器も関わってくるし、部隊をいかに動かすかということまで関わる戦争レベルの勝負を考えるのです。

ところが、いざ戦争を行うことになったとして、その戦争を勝つために重要になってくる、資金や兵隊をどれだけそろえればいいのかという、いわば後方というか、準備段階の話が出てきます。このレベルが「大戦略」なのです。

その上の「政策」レベルですが、これは国家でたとえると政策というか、昔の言葉で言うと「国防方針」に近いもので、基本的には政治家がやるところです。これは国をどういう方向に持っていくかというところを示すレベルになります。

要するに「方向づけ」という感じで、行きたい方向、進む方向を考えて明確に示すのがこのレベルです。

政策レベルになると、もう少し進む方向が見えてきます。よくアメリカと日本の違いとして引き合いに出されるのが、アメリカはそもそも未完成の国で、どこかに「アメリカ」の理想があって、そちらに向かっている。だからポリシーが強く反映されてくるのだというものです。

ところが、日本はすでに2600年くらい歴史のある「世界最古の国」ですから、そうなるとビジョンとポリシーがぐちゃぐちゃになってしまうところがあります。ですから、そこから強い方向性や指向性というものがあまり見えてこなくなります。「これからこうしていこう」というものが日本にあまりないのには、そうした理由も考えられます。

しかし、日本という国は危機のときになると、一瞬だけポリシーがウァーッと出てきます。その典型的な例が、明治維新です。

ただ、私が言いたいのは、日本は普段からこの「政策」のレベルを意識していかなければならないということです。

政策というものは、向かうべき方向がある程度分かっていて、そこに向かって行くべきだというものが示されているのです。つまり、アメリカの大統領が毎年行っている教書演説のようなものです。日本で言うと、一応首相の「所信表明演説」になりますが、教書演説のような強い方向性を示したものがポリシーなのです。

最も大事な「世界観」とは何なのか？

最後に一番上に位置する「世界観」ですが、これは軍事的に言えば、自分の国がどういう国であるかという状況判断を含みます。

これは実際の地理的な裏づけもさることながら、意外に重要なのは、国家自身が自分たちのことをどう考えているかという「アイデンティティー」、「神話」や「想像上の地理」も密接に関わってきます。

「世界観」レベルになると、その国をその国たらしめているものであるとか、その国の国民のアイデンティティーに直結してくるレベルです。

日本の場合ならば、まず島国であるということが第一です。四方を海に囲まれていて、海運で生きていかなければならないという考え方が生まれてきます。

この「世界観」についてさらに分かりやすい例は、ブータンの「グロス・ナショナル・ハピネス（GNH）」という考え方です。そうした国の価値観が最も分かりやすいビジョンに直結してきます。つまり、あなたは何者ですかという質問に置き換えることができます。

日本の価値観やアイデンティティーというのは、かなり曖昧だと言わざるを得ません。たとえば、日本は平和国家だから武器を持たないと言いながらも、結局は武器を持っていて、しかも使うのか使わないのかも明確に決めていない国です。

しかもアメリカの言われるままにやったり、中国に言われたときには引いたりというような線引き自体ができていません。ですから、「ビジョンなき国家だ」とか、「政策がない」というふうに言われてしまうのです。

もちろん「平和国家でいく」という覚悟があるならばそれでもいいと思います。しかし、平和国家であるという明確なビジョン、世界観がまずあることが前提で、その次に具体的な地理として海に囲まれた島国だからというところへ入っていくのです。

これが「世界観」のレベルです。自分の立ち位置というか、アイデンティティーそのものなのです。

ところが問題なのは、この「世界観」というものが日本人には希薄で、外（諸外国）からだと非常に見えづらいという点が日本を不利にしています。

もちろん日本人の世界観というものはなんとなく存在するのですが、それが明確になっていないのが問題です。日本人1人1人を見れば、誰もが絶対に「世界観」を持っていて、日本の国にこうなって欲しい、こうありたい、こうなりたいというものがあるはずなのです。

ただそんな議論は国家レベルでは一度もしていないし、明確化していないために、政策レベルには落ちてきません。もちろん大戦略レベルにも落ちてこない。だから「何も決まらない」ということになるわけです。

最近ですと、実は2人の総理大臣がそのような「世界観」を明確にしようとしておりました。1つ目は安倍晋三氏の「美しい国」。これはアイデンティティーです。2つ目は政策、もしくは大戦略のレベルですが、麻生太郎氏の「自由と繁栄の弧」です。

この保守派の2人はさすがにここら辺は意識していたようで、「世界観」作りに挑戦しようとした形跡はあります。

鳩山元首相の掲げた「友愛」や「東アジア共同体」も「政策」くらいのレベルに入る可能性はあるのですが、問題はこれらの概念の中心軸が日本国にないということでしょう。ここまでスゴすぎると、逆に緩すぎて作戦レベルに落とし込めない怖さがあります。

しかし、階層が上にいけばいくほど抽象度が上がってあやふやなものになってくるというのは、ある程度は仕方のないところがあります。

「美しい国」でもいいのですが、「友愛」となると、国を離れて四次元のような話になってしまうのでかなり厳しい。世界観、ビジョン、アイデンティティーという概念になると、だんだんとソフトな面となって具体性に欠けてくる……それほど難しいのです。

その逆に、たとえば「子ども手当」というのは、技術論や戦術論です。また、年金問題などは技術レベルや戦術レベルの小手先のテクニックということになります。

つまりもっと上のビジョンのレベルから見ると、将来への財政負担を隠した状態で物事を決めているということになります。増税などの兼ね合いなどを考えると、この戦略の階層に割り当てて、だいたいこの辺ではないかと考えることは、今の政治家にとっても非常に大切になってくるのです。

話をまとめますが、ビジョンという「世界観」があって、ポリシーという「政策」、それがあっての「大戦略」（グランド・ストラテジー）↓「軍事戦略」↓「作戦」（オペレーション）↓「戦術」↓最後に「技術」（テクニック）とつながるわけです。

この「戦略の階層」について、私が講演会や勉強会で説明すると、稀に鋭い人に指摘されることがあります。

それは、この階層は下から上に向かうにつれて、より具体的なものからより曖昧であやふやなもの、つまりハードなものからソフトなもの、手に取って実際に触れられるもの（tangible）からメタ的な手に取れないもの（intangible）に変わるのではないかという指摘です。

これはまさにその通りで、上にいけばいくほど「抽象度」が上がり、下にいけばいくほど物事の「具体性」が強まっていくということです（抽象度についてはのちほどまた詳しく説明します）。

「戦略の階層」をあなたの仕事に落とし込む

この「戦略の階層」は、当然ですが人間が形成するあらゆる組織にも当てはめて考えることができます。最も分かりやすいのが会社組織です。

まず普通の人が新入社員となって会社に入って最初にやらされることは何でしょうか？

おそらく挨拶の仕方であるとか、名刺の渡し方であるとか、上司・部下の座る位置などでしょうか。つまり、最初に習うことは、社員教育の一環として、会社員としての最低限のマナーやスキルのようなものを集中して覚えるということです。

これはすべて「技術」のレベルのことです。

コピーの取り方、お茶の入れ方、文書の作り方……。これらも全部「技術」レベルの話なのです。

その技術をある程度マスターしてきて、「ああ、あいつはなかなかできてきたな」「君は平社員としてなかなか有能だな」となってきたとします。

そして数年後、ひと通り仕事ができるようになったら、周りの若い部下を2、３人まとめてチームや班を作って、そこの主任やプロジェクトリーダーになれという指令が上から下ってきます。

要するに「グループを指揮して戦え」ということなのですが、これが「戦術」のレベルです。このレベルでは個人ではなくて、チームとしての戦い方やプランを考える必要が出てくるわけです。

そのうちに自分のチームをなんとかまとめて成果が出せるようになると、今度は会社の上のほうから「あいつなかなかできるな。じゃあもう少し大きなプロジェクトを任せてみるか」ということで出世します。

ここで任されるのが課長くらいの役職かもしれません。これが「作戦」レベルです。1つの大きなプロジェクトや課全体の売上をどうやって達成するかを考えるレベルです。

このレベルまでくると、今までやってきたコピーの取り方のような具体的なスキルももちろん大事なのですが、それより上の、より「抽象的」なことを考えるスキルが必要になってきます。これはあつかう範囲が単純に広くなるため、いちいち細かいことはできなくなるということも原因ですが、確かに細かいことを徐々に部下にやらせていくようになると、自分の思考の「抽象度」も上げていかなければならなくなります。

なぜならば、あつかう物事が「ハード」なものから、だんだんと「ソフト」な事項のほうに変化していくからです。

さて、「戦略」というものを1つのプロジェクトやオペレーションであると考えれば、先ほども挙げたように、フォレスト出版を軍事的に制圧して、さらには日本のビジネス書をあつかっている出版社をすべて制圧して、日本のビジネスに関する知識を根絶やしにしよう（?）となったときに、初めて必要になってくるものです。

これが次の「軍事戦略」のレベルですが、会社で言うと、これはいくつかのプロジェクトを統括する、部長くらいの役職の人々があつかうレベルになります。

さらにその上が「大戦略」ということになるのですが、もうこのレベルになると、今度は現場から少し離れて、どちらかというと会社のお金をどういうふうに割り振るのかを考える、いわば資源配分を計画するレベルになるわけです。

ですから、現場とはかなり離れてきます。実際の軍事行動にはほとんど関わらなくなるわけで、オペレーションもしなくなります。そこから少し離れて配合をうまくやって、お金をなんとか配分していきます。会社全体をだいたい見て、全体の具体的な資源配分、つまり資源や予算をどうするかという話を始めます。

たとえば、会社に100という大きさのパイがあって、20を広報に回して、30は研究開発にする。そういった配分を決めるのが大戦略のレベルです。アメリカで言えば最高執行責任者（COO）がそのような役割を果たしています。

その上の「政策」レベルですが、ここから上は社長クラスが活躍する階層で、社長、幹部、経営者、経営幹部が考えるレベルです。

要するに会社の方針や方向性だけを考えるレベルということになります。「大戦略」のレベルの人であれば、実際の実務にもある程度口を出すのかもしれませんが、政策レベルになると、ほとんど方針だけを決めるという感じです。

一番上の「世界観」ですが、これは組織のトップのキャラクターや人格という形で現れます。結局、世界観を決めているのは社長自身の心の持ち方や生き方みたいなところになっていくのですが、日産の社長のカルロス・ゴーン氏の例でも分かるように、典型的な「ビジョン」がものを言うレベルです。

この部分は、第2章で説明した「個人が世界を決める」という「ファーストイメージ」の話とつながってきます。

私も講演活動を始めてからいろいろな会社を見させていただきましたが、結局会社というものは、社長1人にすべてがかかっていることが分かりました。もちろんこれは「社長が責任を負うべきだ」という部分もあるのですが、やはりトップが会社のすべての運命を決めてしまうのは「戦略の階層」から考えても当然なのです。

それほど社長の責任は重いのです。

会社の仕事を「戦略の階層」に落とし込むと……

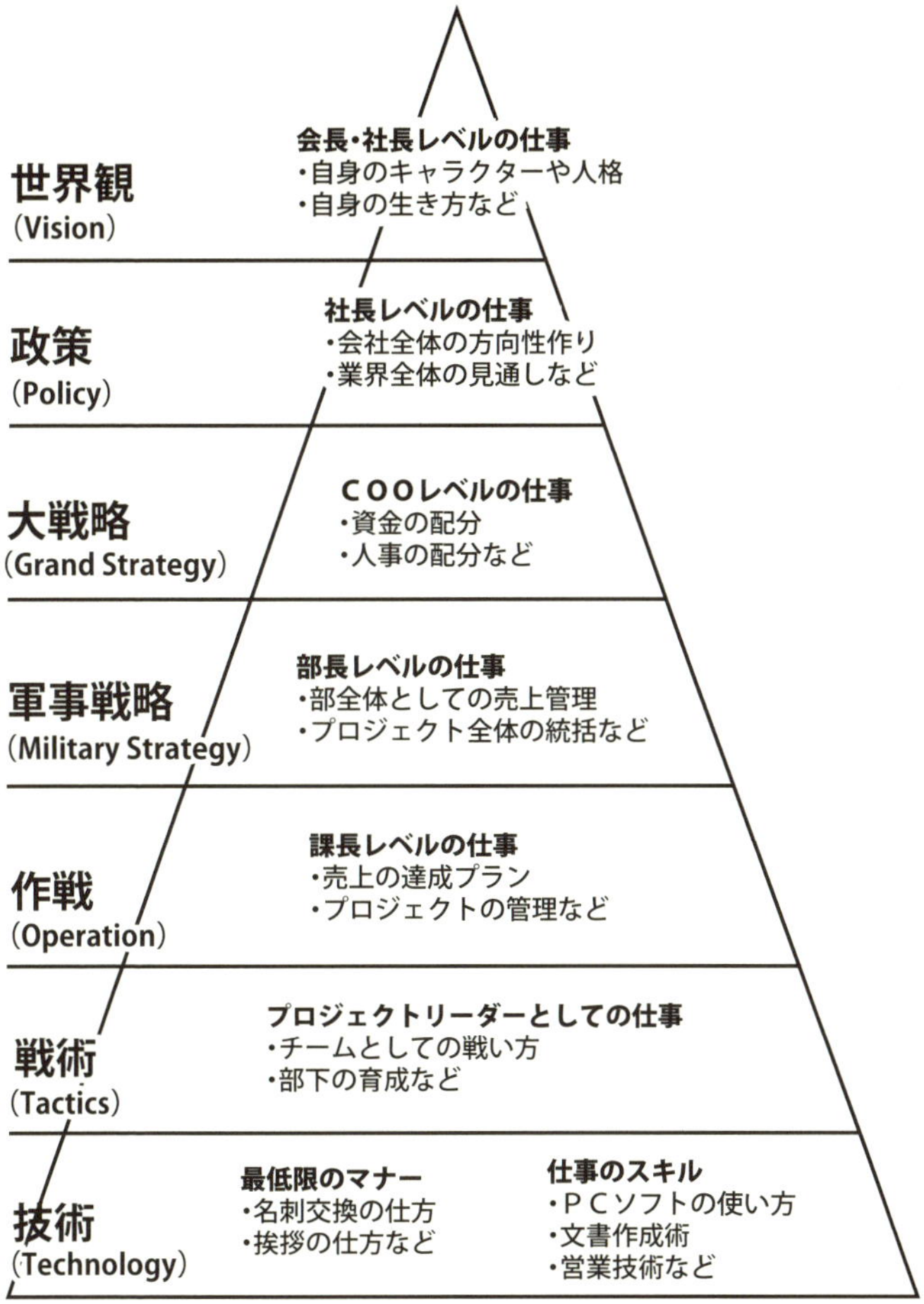
世界観
(Vision)
会長・社長レベルの仕事
・自身のキャラクターや人格
・自身の生き方など
政策
(Policy)
社長レベルの仕事
・会社全体の方向性作り
・業界全体の見通しなど
大戦略
(Grand Strategy)
ＣＯＯレベルの仕事
・資金の配分
・人事の配分など
軍事戦略
(Military Strategy)
部長レベルの仕事
・部全体としての売上管理
・プロジェクト全体の統括など
作戦
(Operation)
課長レベルの仕事
・売上の達成プラン
・プロジェクトの管理など
戦術
(Tactics)
プロジェクトリーダーとしての仕事
・チームとしての戦い方
・部下の育成など
技術
(Technology)
最低限のマナー
・名刺交換の仕方
・挨拶の仕方など
仕事のスキル
・ＰＣソフトの使い方
・文書作成術
・営業技術など

「戦略の階層」を「成功本」に当てはめてみると……

さらに「戦略の階層」は、会社のような組織だけでなく、現実世界の実例にも応用して当てはめて考えることができます。

日本で近年流行った、いわゆる「成功法則」に関する本などは、まさしく「戦略の階層」が驚くほど当てはまります。図にまとめましたので、実際に見ていきましょう（110ページ参照）。

たとえば、勝間和代氏という著者のことは、この本をお読みのみなさんもすでにご存じかと思います。その彼女の『効率が10倍アップする新・知的生産術——自分をグーグル化する方法』（ダイヤモンド社刊）という本などは、「技術」レベルのすごい本です（もっとも「自分をグーグルにしてしまう方法」なのですから）。

また、コンサルタントとして有名な神田昌典氏の処女作『小予算で優良顧客をつかむ方法』（ダイヤモンド社刊）も、宣伝コピーのハウツーものだったので、技術、テクニックレベルでした。

ところが、彼の場合は論じているレベルがだんだん上に上がってきたというか、著作を経るにつれて抽象度が上がり、読者のレベルも上がっていきました。

ここで注意していただきたいのは、私は別に下の階層にある本の質が低いと言っているわけではないということです。階層の下のほうに分類されていたからと言って、それは悪いという意味ではありません。

ただし売れている本を読んだら自分が出世するのかと言えばそうではなくて、どのレベルの本を今自分が必要としているかということを考えて、その本が自分にぴったりのレベルのものであれば、そこで説かれていることを学んで実践すればいいということです。

つまり、あなたが「今はテクニックを学ばなければならない時期だ」と思ったらテクニック本を読めばいいし、ビジョンが必要だと思ったら哲学書や思想書などを読むのです。

もう１つ注意していただきたいのは、階層が低いからダメということでなくて、今

成功本を「戦略の階層」に落とし込むと……

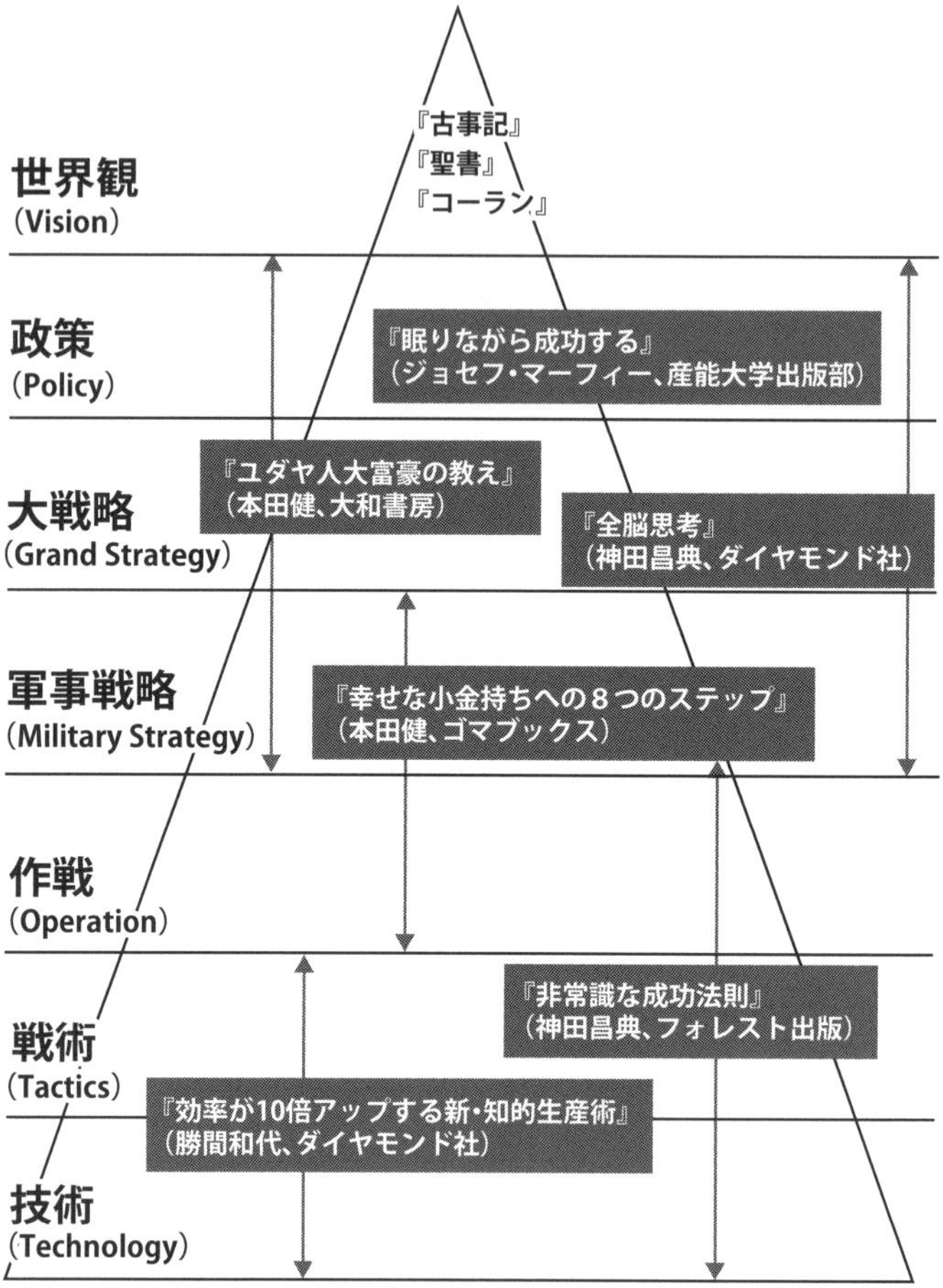

世界観
(Vision)
『古事記』
『聖書』
『コーラン』
政策
(Policy)
『眠りながら成功する』
(ジョセフ・マーフィー、産能大学出版部)
大戦略
(Grand Strategy)
『ユダヤ人大富豪の教え』
(本田健、大和書房)
『全脳思考』
(神田昌典、ダイヤモンド社)
軍事戦略
(Military Strategy)
『幸せな小金持ちへの8つのステップ』
(本田健、ゴマブックス)
作戦
(Operation)
戦術
(Tactics)
『非常識な成功法則』
(神田昌典、フォレスト出版)
『効率が10倍アップする新・知的生産術』
(勝間和代、ダイヤモンド社)
技術
(Technology)

自分がやっている仕事の階層についての本を読んで欲しいということです。

会社に入りたての新人だったら、やはり技術レベルを徹底して身につけなければいけないし、逆に技術はあるけれどもっと人を集めて何かをする必要があるとなったらもっと上の階層にある本を読むのです。

逆に世界観に関してはものすごいけれど、技術がまったくないという人は、あえて低い階層のものを読めばよいのです。これについては「戦略の階層」をぜひとも積極的に活用してください。

大切なことは、**今の自分はどの階層の本や情報を必要としていて、それを読まなければいけないのか**という点について、年に1冊ぐらいはあなたのビジョンについての見直しをすべきだということです。

自分の意識や必要としているものは随時変わるので、その辺に注意して本やメディアを慎重に選ばなければならない……こういうことも、講演会などで私は常に提案させていただいております。

日本社会に未来はないのか……

なぜ企業が失敗するのかということも、「戦略の階層」から眺めるとよく分かります。第1章にも登場しましたが、ソニーの失敗です。

この原因の1つには、ウォークマンをはじめとする技術を捨て切れなかったことがあるのではないかと思っています。

もちろん、一番上のビジョンを攻められたためにアップル社に負けたということが大きな原因ではありますが、それ以外にも1990年代のバブルが崩壊してから、日本の経済評論家たちはずっと「日本は技術があるから大丈夫」と言ってきたことも原因です。

実はこれが執着となってダメになった部分はかなり大きいと思います。というのも、技術というのは「戦略の階層」では一番下のレベルになるからです。

たとえば、サムスンと技術のレベルで正面勝負したら、まだまだソニーは勝てるかもしれません。ところが、その上の戦術や作戦レベルで勝てないので、結局世界のマーケットも彼らに奪われつつあります。

サムスンという会社は、ＴＯＥＩＣ９００点以上を取れなければ社員になれないと言われていますが、実はそれは単なる技術レベルの話であって、その点では日本の会社も大した差はないと思います。

ところが、サムスン側には戦略レベルの考えがあるので、上からの落とし込みで負けてしまいます。社員レベルでの戦い、技術レベルの戦いでは日本のほうが有利かもしれませんが、サムスンの上の人たちはみんなアメリカへ行って、戦略を勉強して帰ってくるわけですから、当然負けてしまうのです。

サムスン以外にも、現代《ヒュンダイ》自動車などを見ると、車そのものの性能よりもデザインのほうに力を入れていて、それで売れているところがあります。

これは抽象度の高いリベラルアーツ面で差をつけているのです。たとえば、モーツァルトを超える作曲家がもう３００年間くらい出ていないように、抽象度の高いデザインやアートでは永遠に勝てる可能性が高いわけです。

ポルシェ911も、デザインはかなり長い期間にわたってあのカエルのような形のままです。ですから究極のデザインというものは、永遠に勝てる可能性が高いのです。これはジャガーやBMWにも同じことが言えます。

ところが、メカニズムというのは幾何学的、つまり「技術」ですから、コピーされればどんどん負ける可能性も出てきます。だから、リベラルアーツ的な考え方を持っておくことが大事なのです。

日本人はデザインというものを戦略的に取り入れることを置き去りにしてきたように思います。確かに「MUJI」（無印良品）などは、海外でも高く評価される日本的デザインですが、それ以外にデザインで世界を席巻するものというのは、私にはあまり思いつきません。

何度も言いますが、技術というレベルは、「ハード」なものや、より具体的なものをあつかうレベルです。要するに**「手に取れる（tangible）」**ものなのです。

ところが、階層がだんだん上にいけばいくほど**「手に取れない（intangible）」**ものになっていきます。日本人はなぜか手に取れるものはものすごく強いのですが、手に取れないようなものに関しては弱いのです。

企業を「戦略の階層」に落とし込むと……

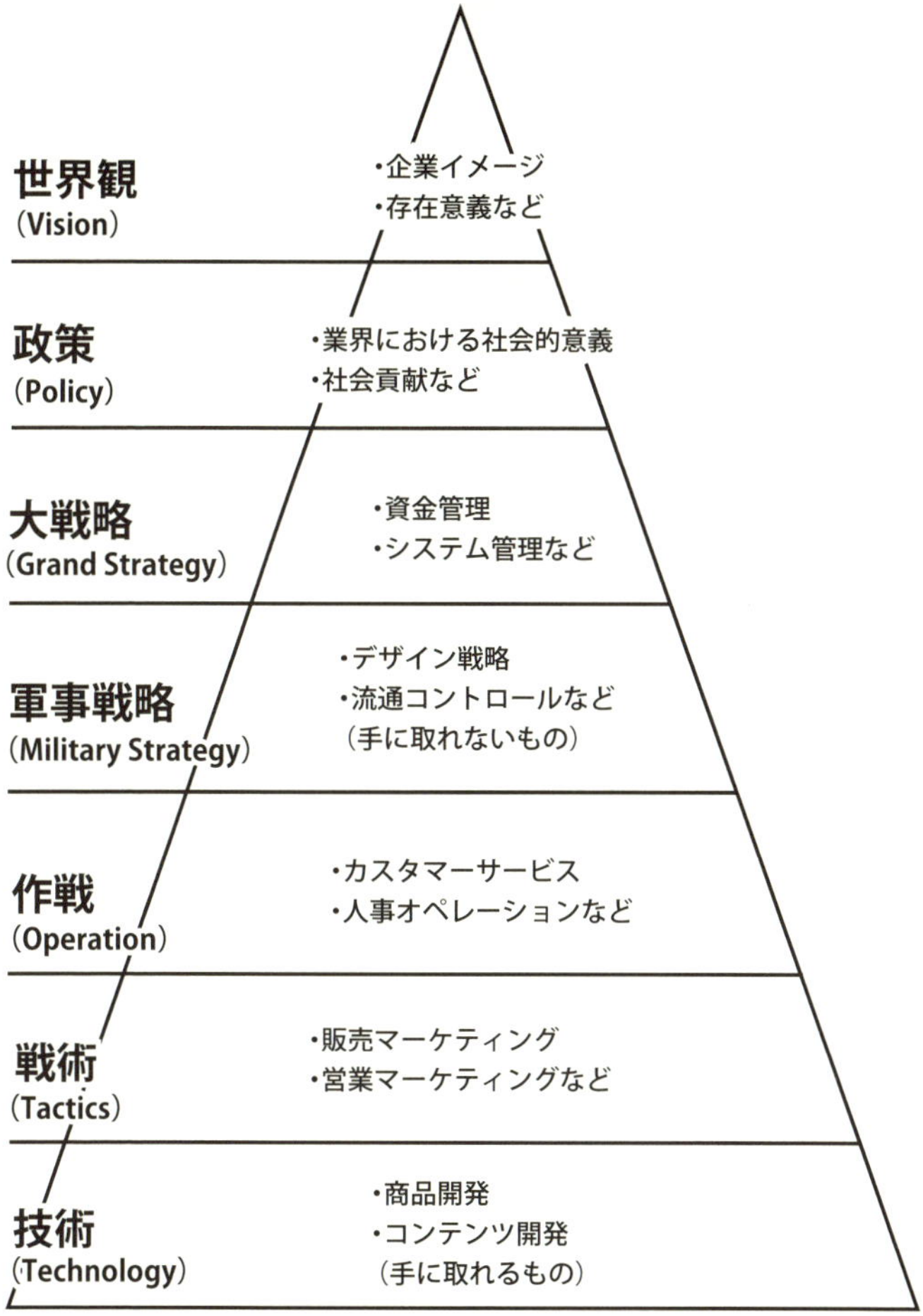
世界観
(Vision)
・企業イメージ
・存在意義など
政策
(Policy)
・業界における社会的意義
・社会貢献など
大戦略
(Grand Strategy)
・資金管理
・システム管理など
軍事戦略
(Military Strategy)
・デザイン戦略
・流通コントロールなど
(手に取れないもの)
作戦
(Operation)
・カスタマーサービス
・人事オペレーションなど
戦術
(Tactics)
・販売マーケティング
・営業マーケティングなど
技術
(Technology)
・商品開発
・コンテンツ開発
(手に取れるもの)

神学やリベラルアーツの文献の話でも同じですが、日本人というのは上にいけばいくほどどんどん弱くなっていく。それが今の日本の弱さ、先ほどのアップル社に負けているというのも、すべてそこに当てはまってくるのです。

海外の企業は、やはり「戦略の階層」のようなものを意識していますし、たぶん生理的に分かっています。つまり、一番重要なのはビジョンであるということです。

抽象度が低い「性能」にこだわり続ければ敗北する

日本人はデザインをあまり意識してこなかったこともそうですが、どちらかと言えば性能にこだわってきました。これは技術レベルでのこだわりです。

第二次大戦中にゼロ戦で戦っていたときに、アメリカ側の飛行機は、同じ高度で飛んでいたら全部撃ち落とされていました。日本のゼロ戦のほうが旋回性もあってすばしっこく、防備は薄いが軽くて運動性能が断トツによかったわけです。

これに対抗するために、アメリカは重いけれど馬力のある飛行機を作りました。まずはゼロ戦がくることができない高いところまで上がってから、下まで一気に降下してゼロ戦を襲い、また上に戻るという戦術を使ったわけです。この戦術のおかげで、アメリカは第二次大戦の後半はゼロ戦をすべて落とせるようになってきたのです。

これも考え方の1つでしょう。日本人には正々堂々と飛行機同士で、しかも個人のスキルを比べるような形で戦おうという考えがありました。旋回性を高めたら勝てる、精度を高めたら勝てる、パイロット個人の熟練度を上げたら絶対勝てると思っていました。

しかし、そうではなかった。向こうは「要は落とせばいいんでしょう。やられずに落とせばいいんでしょう」という「そもそも論」をベースにして考えていたわけです。とにかく落とせばいいという話ですから。

そうなると、馬力をつけて上から降りてくるもののほうが断然強いという話になります。

これを言い換えれば、日本は「戦略の階層」におけるレベルのバランスの差の違いで負けたわけです。

山本五十六にしても、空母を中心とした機動部隊を組めば海戦で有利だということを早くから自覚していたのにもかかわらず、結局は戦艦大和に戻ってしまいました。しかし、アメリカ人は今までの戦艦をあきらめて、徹底的に空母と飛行機を作るという方向に劇的に転換しました。そして、その先の最終兵器として原爆があったわけです。

下の階層から上の階層に結びつける日本型の戦略

現在、ピアノメーカーとしては、日本のヤマハが世界で販売数の一番多い会社です。ヤマハという会社は、「日本を世界で一番ピアノを持っている国にする」というビジョンを経営者たちが持っていて、それを実現していった会社です。単にピアノを作るだけでなく、ピアノを売るために子どもをピアノ教室に通わせ、次々にローンを組ませて、ピアノを各家庭に入れていくというやり方を実行しました。

ヤマハの戦略を「戦略の階層」に落とし込むと……

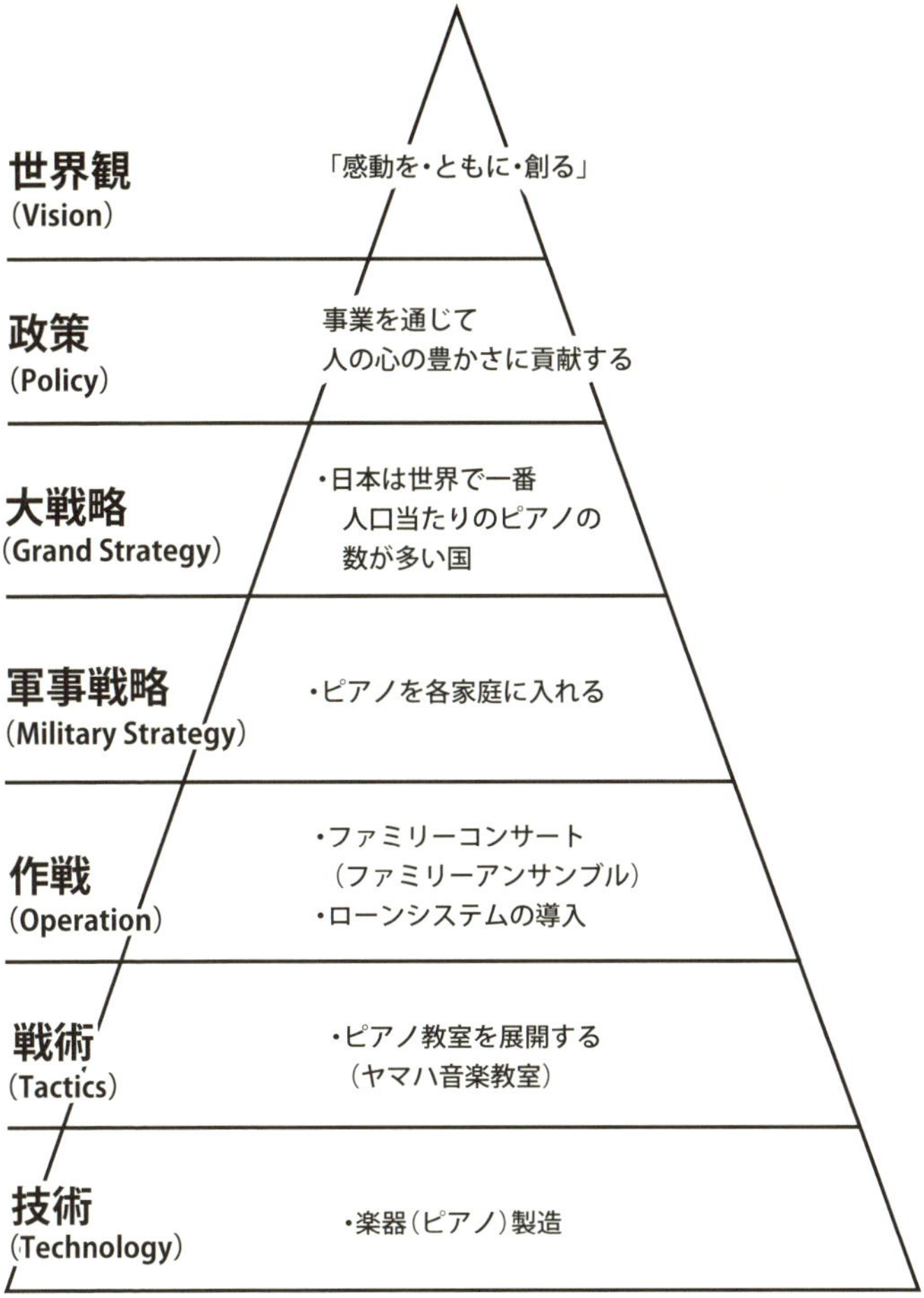
世界観
(Vision)
「感動を・ともに・創る」
政策
(Policy)
事業を通じて
人の心の豊かさに貢献する
大戦略
(Grand Strategy)
・日本は世界で一番
人口当たりのピアノの
数が多い国
軍事戦略
(Military Strategy)
・ピアノを各家庭に入れる
作戦
(Operation)
・ファミリーコンサート
(ファミリーアンサンブル)
・ローンシステムの導入
戦術
(Tactics)
・ピアノ教室を展開する
(ヤマハ音楽教室)
技術
(Technology)
・楽器(ピアノ)製造

これは単に技術的なピアノメーカーにするのではなく、戦略通り「日本は世界で一番人口当たりのピアノの数が多い国家」にするわけです。これは大戦略のレベルまで落とし込まれた、れっきとした戦略です。

ところが日本人というのは、どちらかと言うと下から上がっていく「ボトムアップ式」が好きな民族です。

やはり「あなたのビジョンは何ですか?」と言われるよりも、まずは目の前のことをやりながら抽象度を少し上げていくという積み上げ式、つまり「ボトムアップ式」のやり方のほうが得意なのかもしれません。

アート引越センターの寺田千代乃氏は、「無理に飛躍した夢を語らなくてもいい。達成できたときに次の目標が見えてくるから。夢って日常の体験の積み重ねから出てくる面もあります」とインタビューで答えています（日経新聞夕刊6月23日付）。

これは典型的な「ボトムアップ式」の目標達成の方法でしょう。

それとは対照的にビジョンなどの階層の上から目標を立てるのは欧米人ですが、これは「トップダウン式」です。

日本的な「ボトムアップ式」で、下から上げていこうとするものは、日本人にとってもとても分かりやすい。ところが反対の例があります。あのソニーのウォークマンです。ソニーはウォークマンを聞きながら歩くライフスタイルを売ったと言っていますが、当初の技術はそれほど画期的なものではありませんでした。ウォークマンに関しては、まずビジョンが先にあったのです。

2代目のウォークマンⅡになると、本当にデザインもいいし、買った人は他人に見せることを意識するようになる。ポーチをつけることができるし、ヘッドホンも派手にして他人に見せて驚かせたくなるわけです。発売当初は銀座で大々的にプロモーションもやっています。ローラースケートを履かせたモデルにヘッドホンをつけて走らせるというパフォーマンスまでやっています。

これは当時の盛田昭夫社長が全部考えたと言われていますが、彼はこうすることによって人々にいきなり「ビジョン」を見せたのです。ライフスタイルまで含めて、高い「抽象的なイメージ」を見せつけたわけです。

初めはもちろんソニーも抽象度は下だった可能性はあります。ところが、機械を小さく作ろうと必死にやっていたら盛田社長がアイディアを出した。そこで作ろうとしたら、「ソニーの持っている技術でも実現可能だ」と気づいた。ならばそれで売りに出そうとなったわけです。

ウォークマンのアイディアは先にビジョンがありました。そしてそれが下の階層までつなげた経験をしたのがソニーだったのです。当時、世界中がウォークマンに魅了されました。それはあたかも、今の日本人がアップル社の製品に憧れを持つかのようだったのです。

ビジョンを提示して世界のソニーになったことを考えれば、上から下までしっかり筋が通れば、戦略の糸口が見つかるのです。

ビジョンはファーストイメージに帰結する

主に欧米の人たちというのは、価値観のようなもの、つまり「**自分がどうなりたいのかとか、自分はどうしたいのか**」というものが日本人に比べて強いのは間違いありません。これは生き残りという面で考えるとやはり有利です。

もちろん全体での絶対数が多いのかどうか分かりませんが、欧米のトップの人たちは、ビジョンやポリシーのほうが重要であるということをものすごく意識しています。ですから、向こうのトップやエリートたちというのは、やはり小さい頃からそうした教育を受けています。

たとえば、ヨーロッパの国で考えてみると、まず隣国との利害の衝突が基本的な前提としてあって、国も安定していないという前提で勝ったり負けたりということが常に起こっていました。

ユダヤ人などは、国から国へと移動しなければ生き残れなかった歴史を持っていて、個人的にどこに逃げて、どこの国に住むか、どうやって財産を作っていくか、安全であるかということが前提にありました。そうなると**「そもそも論」**に戻って考えるという習慣を何百年もの移動の間に身につけてきたわけです。

ところが、日本人はずっと同じ土地に住んできて、「お上」の言うことを聞いていれば、そこそこの豊かな生活ができたから「そもそも論」を考える必要がありませんでした。今でも実際に豊かでありながら、逆に毎年3万人も自殺するという異常事態が続いています。そうなると逆に、その国が安定していないほうが活が入るのではないかとも思えてくるほどです。

個人主義というか、「そもそも論」で自分自身を考えるようになると、人間は個人の責任を意識するようになります。これはまさに、第2章で説明した「ファーストイメージ」です。ここを意識できる人が生き残っていけるのです。

ビジョンを磨くために抽象的なことを考える

歴史的な背景によってビジョンを持つ持たないという話は、日本には大きな宗教論争がなかったという部分もおおいに関係してきます。欧米では手に取れるもので証明できない神学論争をしてきたという歴史があるからです。

たとえばフランスでは、1500年代後半に起こったユグノー戦争のように、国のなかでカソリックとプロテスタントがお互いに殺し合いをするというくらい激しい神学論争が繰り広げられました。

もう相手は悪魔だと思って攻撃します。そういうふうにドロドロの宗教闘争をやってきて、こちらが正しい、あちらが正しいと争ってきました。これは抽象的なものを理屈で考えたから生じた結果とも言えますが、反対に日本人は理屈でものを考えることを、むしろ嫌がる傾向にあります。

ところが日本以外の国は、とにかく相手を論破するためにいろいろな理論を構築するということをずっとやってきているわけで、そうなってくると抽象的に考えるということが彼らの文化のなかに根づいているわけです。

アブストラクトで考える、アブストラクトのなかで考えるというか、いかに相手に理論で勝っていくかということで、彼らは鍛えられてきたわけです。

日本人は、そうした神学論争はもちろん、現在でもディベートの授業というものはほとんどありません。そのぶん、相手のビジョンより自分のビジョンのほうがすぐれているということも考えて戦っていかなければ相手にされないのです。

こちらには別の新しい世界があって、自分の考えをこう固めてやっていくんだというようなビジョンの出し合いのようなものを、向こうの人間は生命をかけてまでやっているのに、日本人の場合は、とにかく平和に暮らせればいいとなっています。

世界が殺伐としていくなかで、神学のような抽象的な上の概念が出てこないと、だんだんと厳しくなるのは確実です。

あなたも具体的なものではなく、抽象的に物事を考える訓練をしていかなければ、ビジョンが磨かれていきません。初めは面倒かもしれませんが、戦略的思考を手に入れるためには、普段は取り組まないような抽象的な概念について考えることをお薦めします。

技術で負けた欧米はソフトを押さえるしかなくなった

欧米人の思考は、「戦略の階層」でいう軍事戦略から上が大きく違っています。実はここから上は政治のレベルで、日本も政治レベルで物事を考える必要があります。

日本人は政治というと、せいぜい軍事戦略レベルまでの話しかしていません。ですから、北朝鮮のミサイルが爆発したときでも軍事的な話ばかりで、政治的にあの失敗は何だったかという議論をしていません。

政治レベルの話はソフトの部分で、ここはあまり得意ではなかったので、なるべくハードで具体的なもので勝負しようという傾向が強く出てしまうわけです。しかし、ハードが強いことが国際社会で一方的に不利であるかと言うとそうではありません。

ハードが歴史的に重要だった時代もあります。

昔西洋は、ポルトガルやスペインが中心となって、15世紀後半から大航海時代が始まり、一気に世界に進出してきて、至るところを植民地化していきました。

植民地化の目的には一応キリスト教を押しつけるということもありましたが、その前に、なぜ彼らが強く出られたかというと、「俺たちのほうが東洋人たちよりも技術的に上である」と思い始めた部分もあるからです。

確かに技術的にはルネサンスを経て１６００年から１７００年に新しい技術が西洋でたくさん出てきました。

そうなってきたときに、彼らはインド人よりも技術的にわれわれが上だから、自分たちのほうがすぐれていると感じ始めたわけです。初めは技術や戦術というレベルで自分たちのほうが勝っているという感情があったのです。

たとえば、イギリス人のインド征服のきっかけとなったプラッシーの戦いがありますが、あのときもインド人側とフランス東インド会社側が5万人で、イギリス人(とインドの現地部隊)のほうはたった3000人程度の人数で戦っています。

もちろん内通がありましたが、それでも戦術と技術は、つまり武器ですが、イギリスのほうがすぐれていたために、戦闘で圧勝したのです。これがインドの支配につながったわけです。

ところが時間が経つにつれて、だんだんとアジア人のほうが技術で追いついてくるようになります。そうなってきたときに、西洋の技術を唯一習得して、その具体的な部分に強いやつらがいました。それが日本人だったのです。

そうすると、技術の面で今まで優位を感じていた西洋人が、あるときから日本に負けていると感じ始めたわけです。その決定打が日露戦争ですが、あれで1回革命が起きてしまうと、有色人種も技術で強いという既成事実がなんとなくでき上がってきます。

そうなってくると、西洋人たちは「俺たちは、結局ソフトのほうで勝つしかない」という意識に変わってくるのです。

もうハードの部分では勝てないから、とにかく日本に生産を任せてしまおうと。しかし、ソフト面で勝てばいいわけですから、たとえば、日本人は鯨を食べる野蛮人であるとか、国際法を守らないという面で、いろいろと攻撃をし始めたのです。

実際のところ、日本は国際法などを真面目に守っているのですが、西洋のほうはそうした倫理観を持ってきて優位を維持しようとしたのです。自分たちのほうがよっぽど野蛮な行為をしてきたし、倫理観もないことをしてきたというのに、結局はコントロールしなければ勝てないということに、西洋人は気づき始めたからです。

これは裏を返せば、かつては技術で優位に立っていたものを簡単に崩されてしまったために、**今度は「イメージ」で崩そうとしている**という構造です。

相手のビジョンを塗り替えることで崩していこうという作戦、イルカとクジラの話や、いわゆる従軍慰安婦の問題や東京裁判も、実はビジョンや政策のような上のほうのレベルで崩そうという意思の顕れです。

階層の上のほうの戦いとなると、日本人はどこかに「真実」があって、その真実がいつか正義の勝敗を決めると思っているところがあります。これはもともと自然科学的な考え方ですから、技術と同じで、真実が勝つと勘違いしているのです。

そして、「お天道さまが見てるから大丈夫だ」と思うわけです。ところが、西洋は宗教論争という、「神」のようにいるかいないかわからないものをめぐって戦ってきていますから、議論は圧倒的に強いわけです。なぜなら、もともとないものをあると言って鍛えてきているのですから、こちらはまったくかなわない。

逆に考えると、漠然とですが、日本人のほうが神という存在についての意識を持っていると言えます。どこかに「真理」はあるという共通理解はなんとなく持っていて、「いつか相手も分かってくれる」という感覚があるのです。

このように、西洋とは明らかに考え方の土台が違うなかで、しかも技術で負けた欧米人にとって、イメージで切り崩して得た今の思想面での優位は簡単には揺るぎそうもない、というのが私の本音です。

しかし、相手も見えない部分で戦っているわけですから、日本人も技術からレベルを積み上げていけば、むしろ相手よりも強くなることも可能なのです。

戦略的に仕事を選んでいく時代

アメリカでは現在４大産業分野というものがあり、医薬、医薬関係、メンタルヘルス等も含めた、医療関係が１つ。ＩＴ産業、ウォルマートのような小売り流通業、そして金融業が続きます。

この４大産業にすぐれた人材を集中するという方向にアメリカは１９９０年代からシフトして、もの作りを捨てて、最終的にこれらを押さえれば世界で勝てる、コントロールできるとしました。

しかし、このなかの流通に関しては、結局小売りは流通の奴隷だという考えがアメリカのなかにあって、ウォルマートがボロい商品だから返品すると言えば全部返品できるし、ディスカウントだと言えば小売りにディスカウントさせることができるというふうにしました。

つまり流通を押さえておいたほうが、ソニーのウォークマンでさえいくらで売るかを決められる、というふうに考えたのです。

また、儲かった金を金融で吸い上げるシステムも構築しました。さらにITによって情報というか、システムを握ってしまうので、グーグルで検索された数字ですべてをコントロールできるのです。

あとは医薬事業で一般大衆を薬漬けにして、永遠に金を吸い取れるシステムも生み出しました。薬に関しては特許で儲けることもできます。

このように、階層の上の抽象度の高いところにシフトしたところがアメリカのすごさとも言えます。

今のグローバル社会は「文明の衝突」だと言われます。これを言い換えれば、ビジョンの衝突なわけです。そこはもう本当にファンダメンタルなところからの衝突ですから、なかなか技術では太刀打ちできませんし、日本のようなその場しのぎの小手先だけの〝和解〟では勝てないということがよく分かります。

そもそも勝負している世界の土台が違うわけです。

当然、日本はまだその階層まではいっていません。そもそも日本はこのまま「もの

フォレスト出版　愛読者カード

ご購読ありがとうございます。今後の出版物の資料とさせていただきますので、下記の設問にお答えください。ご協力をお願い申し上げます。

● ご購入図書名　「　　　　　　　　　　　　　　　　」

● お買い上げ書店名「　　　　　　　　　　　　　　」書店

● お買い求めの動機は?

1. 著者が好きだから　　2. タイトルが気に入って
3. 装丁がよかったから　　4. 人にすすめられて
5. 新聞・雑誌の広告で（掲載誌誌名　　　　　　　　　）
6. その他（　　　　　　　　　　　　　　　　　　　）

● ご購読されている新聞・雑誌・Webサイトは?

（　　　　　　　　　　　　　　　　　　　　　　　　）

● よく利用するSNSは?（複数回答可）

☐ Facebook　☐ Twitter　☐ LINE　☐ その他（　　　　　）

● お読みになりたい著者、テーマ等を具体的にお聞かせください。

（　　　　　　　　　　　　　　　　　　　　　　　　）

● 本書についてのご意見・ご感想をお聞かせください。

● ご意見・ご感想をWebサイト・広告等に掲載させていただいてもよろしいでしょうか?

☐ YES　☐ NO　☐ 匿名であればYES

郵便はがき

料金受取人払郵便

牛込局承認

1013

差出有効期限
令和3年5月
31日まで

162-8790

東京都新宿区揚場町2-18
白宝ビル5F

フォレスト出版株式会社
愛読者カード係

フリガナ お名前	年齢　　歳 性別（ 男・女 ）
ご住所 〒 ☎（　　）　FAX（　　）	
ご職業	役職
ご勤務先または学校名	
Eメールアドレス メールによる新刊案内をお送り致します。ご希望されない場合は空欄のままで結構です。	

フォレスト出版の情報はhttp://www.forestpub.co.jpまで!

作り」をしていっていいのかという議論を1回もしていませんし、政治家がただ「ものの作りが大切だ」と言っているだけなのです。もの作りが大切だったら為替をどうするのだとか、原発を動かすのかどうかとか、そういったことまで本来セットになって議論しなければいけないはずです。

ところが、こうした上の階層までの議論をしないまま「もの作り日本」と唱えるだけなので、ビジョンに基づいた大きな流れにはなっていないのです。

今の若い人たちも仕事を考えるうえでは、やはりメーカーで「ものを作る」という考え方から脱却できていません。ものだけを一生懸命作るだけではなくて、もの作りにおいても上の階層から考えていったほうが、仕事もうまくいくはずです。

欧米社会が日本の技術を押さえ込むために、そのシステムを握ってしまった今、技術を捨てる覚悟で新しい産業に飛び込んでいかなければ、私たちの閉塞感は一向に消えるわけがないのです。

「戦略の階層」を人生目標にどう落とし込んでいけばいいのか？

人生の目標設定をするうえで、あなたがすべきことは、「戦略の階層」を理解して、**階層のどこに自分が位置し、次はどの階層を目指すべきかを視野に入れながら行動していくこと**です。

もちろん、ビジョンから戦略を落とし込むという方法もありますが、これまで見てきたように、抽象的な議論をしてこなかった私たちにとっては、段階的にレベルを上げていくという方法のほうが適しているのではないでしょうか。

ビジョンはビジョンとしていったん置いておく、そして自分の状況が1つ上のレベルに上がっていけたら、再びビジョンを見直す。そうしてまた自分のレベルが上がったら、またビジョンを見直す。

こうした繰り返しによって、過酷なグローバル社会を渡り歩いていけるようになるのではないでしょうか。

あなたが技術レベルの仕事をする場合であれば、スキルを磨いている間に１つ上の階層である戦術を考えること。チームリーダーをしている人であれば、少し上の作戦レベルのことを考える。課長の人は今やっている作戦からもう少し上の、全体的な勝ち方である戦略を考える。

そういうふうにちょっとずつ抽象度を上げて先を考えることが、人生の戦略、つまりライフストラテジーのバリエーションを生み出していくことになります。

たとえば、居酒屋で働いていても、店全体のことを考えたり、従業員全体のことを考えたりする視点が必要です。エリアマネジャーのように考えるとか、県のなかでトップの店のように考えるとか、全店会議に出るようにメニュー作りを考えるとか、階層が上にいけばいくほど、形の見えないものを考えるようになります。

最終的には社長と同じ視点でとらえるということですから、そこまでをイメージしながら仕事ができるかどうかが勝負となってくるのです。そうなれば、今の日本の状況でもいち早く不安から抜け出すことができますし、グローバル社会のなかで十分にやっていく思考が備わってくるのです。

自分自身の「抽象度」を上げて人生の戦略を考える

これまでも何度か「**抽象度**」という言葉が登場しましたが、抽象度とはそもそも何なのでしょうか。

これはあなたの思考のスケールを意識するということです。「戦略の階層」で考えれば、技術やスキルは、具体的に目に見えるツールや行動になります。この階層よりも少しだけ抽象的なツールや行動が戦術になります。

たとえば、チームでマーケティングを考える際に必要なツールは、机上の個人のパソコンだけでは無理な場合もあります。行動も自分1人ではできないかもしれません。そう考えると、チームのスタッフが多少複雑に絡んできます。

これが戦略レベルになると、もっと複雑な行動が要求され、ツールを使ってできるようなものではなくなるかもしれません。また実際に自分自身が動くよりも、人をどう動かしていくかを考えることのほうがメインの仕事になってくるでしょう。

つまり、それまで具体的であった仕事が、だんだんと抽象的な仕事へと変わってくるのです。まさしく「抽象度」が上がってきます。

ですから、スキルというものは本当に具体的で、技術などは「細部に神が宿る」というような表現をするくらいです。まさに蟻のような小さな世界です。

これがだんだんと抽象度が上がっていくと、視点に羽がついて空の上に上がってきます。まさに鳥のような空の世界です。少し大袈裟かもしれませんが、これがビジョンまでいくと、もう地上から離れて宇宙から地球を見下しているような状態です。

つまり上にいけばいくほど、それだけ全体を見渡せて、下を見られる範囲が大きくなります。ある人はこれを「大局観」と呼びますが、これはまさしく「世界観」を意味しています。

抽象度を常に上に持つことは、人生の戦略において最も大事なことなのです。

上のレベルを「イメージする」ことで人生の戦略を考える

あなたの抽象度を上げるために必要なことがあります。

それは、**1つ以上高いレベルを常にイメージする**ということです。そもそも上のレベルの仕事などは、下から見ているだけでは何をしているか分かりません。ところがここがイメージができるかどうかが人生の戦略において決定的に必要になってきます。

これは企業のイメージ戦略と一緒で、彼らは価格で訴求するのではなく、サービスで顧客満足度を上げることでもなく、マーケティングを駆使して買わせることでもなく、顧客にイメージを売るのです。

そのためには、あなたも上のレベルをイメージしながら目標を立てないといけないのです。

つまり、自分の世界観を考えるということです。スキルの奴隷にならないためには、やはり自分よりも上の階層をイメージするしかないのです。それが抽象度を上げるということなのです。

実際に下の人には上のレベルは分からないもので、仕事でも上は何の仕事をしているのか、課長が何の仕事をしているか、部長が何の仕事をしているのかは、下からはなかなか見えないわけです。

それを乗り越えてイメージすることを別の言葉で言い表せば「思いを馳せる」ということになるかもしれません。

あとはもう1つ、欧米式のやり方で、トップの階層から**「自分はこういう人間になる」**というビジョンを掲げて下ろしていくかです。これも未来の自分像がイメージできていなければなりません。

あなたが強力にイメージできるのであれば、どちらから目標を設定してもかまいません。とにかく将来的に抽象度を上げていくという方向を向いていなければ、いつまでも「スキル」だけで終わってしまうのです。

上の階層から「ハック」する？

あなたはいつまでもスキルの階層で仕事をしたくないはずです。

要するに、ソフトの開発だけをやっていてもいいのですが、そのソフト開発者を今度は自分が使って、最終的に自分の有利なように仕事を進めていくことが戦略的な生き方というものです。自分が〝コントロール〟するのです。

オン・ザ・エッヂ（のちのライブドア）の最高技術責任者（ＣＴＯ）だった小飼弾氏は、かつて自分自身もプログラマーでしたが、ハッキングもできてしまうものすごく優秀なプログラマーが後輩に出てきて、自分は技術でその人たちに勝とうとしても勝てない感じたそうです。

そこでその天才プログラマーを逆に「ハッキング」していこうと考えたのです。彼はプログラマーで食べていけるのはせいぜい10年ぐらいだと思っていたそうです。プログラムを組んでいっても、まあ40歳か50歳になれば自分などついていけなくなる。当然、下からすごいやつが現れてくるのは当たり前の世界ですから、そこでプログラマーをハッキングするやり方を考えないといけないと思いたったのです。

ここで言う「ハッキング」とは、人が作ったプログラムをさらに上からコントロールするという行為ですが、それを行うために必要になってくるのが「抽象度を上げる」という作業なのです。

小飼氏はこの自分の抽象度をどんどん上げていって、彼自身も最終的には社長になったわけです。

これは有名なスティーブ・ジョブズも同じです。

彼はアップル社の社長でしたが、プログラムは組んでいませんでした。つまり、大きく成功するには「技術」レベルのプログラムのスキルは捨てるしかなかったのです。ジョブズもプログラマーをハッキングしたわけです。

言い換えれば、**成功したかったら〝武器〟を捨てろ**ということなのです。

確かにスティーブ・ジョブズが言っていることは、一番上のビジョンだけです。彼はｉＰｈｏｎｅを卵の形からインスピレーションを得て作ったと言っていましたが、もうこれなどは抽象度の高いデザインの話だけです。

デザインというかスタイルというか、いかに生きるかというような話なわけで、これはまさに階層の上のほうの話です。

技術レベルだけなら、日本のほうがはっきり言って勝っています。ｉＰｈｏｎｅにしても日本の技術がないと作れないというのは有名な話で、あの機器のなかにはかなりの日本の部品が使われています。それならなぜ日本人にあれが作れなかったのかと言うと、それはもうアップルがビジョンや政策のレベルで考えていて、現場思考だけでは何もできないことを知っていたからです。

ｉＰｈｏｎｅの発想はまさに抽象度を上げようという話で、現場思考で考えれば階層をヨコに考えてみて、そのレベルで勝てなければ、次は階層の上下、つまりタテで考えてみるわけです。そういうやり方をしてみて、同じレベルのところでどう違うのかを考えるのです。これはあなたの人生の戦略にきわめて役に立つ考え方なのです。

つまり、階層のヨコのレベルが一緒だったらわざわざ自分でしなくてもいいわけで、自分はタテに考えてみる。そういう柔軟な発想になるわけです。

タテに物事を考えるにはフラットでなければならない

もともとタテ割りで物事を考えるということは、それをタテでしか見てないということです。つまり、ヨコの交流がないということですが、そもそも欧米社会はヨコのつながりが日本よりも断然に強いわけです。

会社自体がフラットであるし、撤退するのも速いですから、ヨコを見てライバルが多過ぎるとなったら、これは儲からないと言ってパッとやめるという動きも速い。そんな自由な社会だからこそヨコもタテも見る広い視野ができたのではないかと思います。

テレビを作っている会社などは、アメリカでは1社ぐらいしかありません。みんなライバルが多いと分かったら手を引いていくわけです。ですから、欧米社会は「そもそも論」なのです。たとえ1つ上のレベルにいったとしても、そもそも儲からないとなったら、すぐにやめてしまう。そして、もっと勝てる場所にいくのです。

とくに日本が軽薄短小の分野で敗北したのは、ヨコのレベルで見れば、どこかの国に追いつかれたということで、欧米社会ならばとっくに手を引いていたところです。こうした日本の失敗は、下の階層に固執したことが原因だったのです。

これに対抗するためには、逆に捨てたものをコントロールすればいいのです。日本人はそのレベルを捨てて、もう1つ上へ上がれば、たとえば東南アジアなどの市場をちゃんとコントロールできたかもしれません。

そういう意味では、日本の会社ですとファミリーマートなどは戦略的ではないでしょうか。

現地に出て行って物流の面をうまくコントロールしていますし、東南アジア進出に関しては、ファミリーマートが先駆者です。これも日本の市場という手にしたものだけに固執しないで抽象度を上げたからこそ成功できたと言えます。

最終的に日本が生き残っていくためには、やはり金融サービスなどを充実させるしかないと思います。日本にどれだけのお金が残っているか分かりませんが、お金の流れを握ることは、コントロールという点からも、最も簡単で重要なファクターであることは間違いありません。

それと情報も重要です。金融と情報を押さえられれば、たとえば小売りの世界も情報によるマーケティングなわけですから、何が一番売れているかをすべて把握し、価格をコントロールすることができます。ＰＯＳシステムなどはまさに情報を駆使したコントロールの手段で、システムを握ったものが世界を変えることができることを教えてくれます。

おいしいシュークリームを作るのもいいかもしれませんが、どんなシュークリームが好まれているかという情報を握ったほうが断然強いのです。

そういう意味で、アメリカ人の受けている教育はすごいと思います。こういうことを無意識的に子どものときから教えているようなところがありますから。若いときから〝コントロール〟の仕方を学ばせているのです。

日本もまだ優位に立つためにコントロールできるところは残されています。それには地理的なものも考えられます。こうした戦略は私の専門分野である地政学が役に立つのですが、今回は地政学はこの本の趣旨ではありませんので、地政学から見た戦略は別の機会に解説できればと思います。

フラットの階層でいらない〝武器〟は捨ててしまおう

よく「スキルを磨きましょう」と言われることがないでしょうか。

たとえば、英語というスキルであれば、「ＴＯＥＩＣで１年後に９００点を取る」という目標です。

９００点の英語スキルがあれば、将来的には「戦略の階層」の作戦レベルまでいくかもしれません。しかしこれも基本は技術レベルです。

ＴＯＥＩＣを来年までにという期限で切った目標は、人生戦略のなかでは抽象度が低い目標です。ここでは英語スキルを身につけるというところが一番大事なのであって、９００点はその上の戦術レベルで重要になってくる「チームワーク」ではないのです。なぜならば、英語スキルは基本的に１人で行うものだからです。ＴＯＥＩＣそのものは単なる資格なので、結局は「技術」に過ぎません。

もちろん技術は必要です。必要ですけれども、そこからさらに上に抽象度を上げていかないと意味がなく、単なる具体的な低い目標になってしまいます。基本的に数値化できる目標というのは、一番下の技術レベルに多いのです。

スキルというものは、強化すればするほど少人数での仕事になっていきます。これまではＴＯＥＩＣ６００点の人が５人でしていた仕事でさえも、スキルを強化して全員が９００点を取れば、同じ仕事量が１人か２人でできてしまいます。

そのぶん給料は増えるかもしれませんが、５人で仕事をしていたパイ以上には絶対になりません（むろん５人分もらえるわけがありません）。結局、英語を勉強し続けたところで、翻訳家か通訳で終わってしまうのが関の山です。

もちろん、これらは世の中のレベルではステータスの高い職業ですし、それが悪いと言っているのではありません。私はもっと壮大な目標があれば、もっと上へ行けるということを言っているのです。

大成しようと思ったら、やはり人数を集めて人を雇わなければならなくなります。

１人では大きなプロジェクトはできません。

また、司法書士のような資格を取るというのも一緒です。「士」とつく、いわゆる

「サムライ業」というのは、基本的にはテクニシャンになるわけですから、技術レベルです。医者ですら、技術レベルなのです。

ただしそれぞれの武器が違うということはあります。性能がいい武器を持っていれば、そう簡単に新しい開発がされない限り、食べていくには困らないでしょう。しかし、先ほどのプログラマーの話ではないですが、自分を抜くテクニシャンが現れるのではないかと将来を案じながら生きるのであれば、一生不安から抜け出すことはできないのです。

英語のスキルという話に戻しますが、英語を戦術のレベルでどう変えられるかというと、それをオーガナイズするチームワークのスキルが入ってきます。そうなってくると、英語のスキルはもう単なる資格ではなくなります。

英語を使って戦術に落とし込むと、たとえば英語の通訳の会社を作ろうという方向に変わっていきます。まあ通訳の会社かどうかに関係なく、要は自分がリーダーになって仕事を受けて、何人かの人と仕事を分担して英語の仕事をするようになります。

そして、さらに作戦レベルまで抽象度を上げていくと、英語そのものから少し離れた仕事ができ上がるかもしれません。

このように抽象度を上げて考えていけば、人生の目標もさらに広がりますから、**そのときのスキルに固執する必要などなくなる**のです。

よく大学生などが「就職先がない、どうしよう」となったときに、「じゃあとりあえず資格でも取ろう」というふうになる場合があります。そうやってスキルという下のレベルにいってしまうのです。

実はその選択肢が危険であり、よくよく考えて欲しいということがこの本のメッセージでもあります。

あなたの人生を考えて、どこに重きを置いて、自分はその資格を取ることでいいのかと考えて欲しいのです。たとえば、現在では士業でも「足の裏の米粒」と言われていて、「取っても食えない」とジョークが交わされるくらい厳しい状況です。

資格はあるに越したことはない、真面目に勉強した証しが資格だから、資格を取ることはいいことだと小さいときから教育してきたのがこの国です。親もことあるごとに資格を取りなさい、そしたら幸せになれると言います。しかも資格は難しければ難しいほどいいと教えられます。

弁護士の資格などは、その最高峰でしょう。

しかし弁護士の資格を取った人でも、抽象度を上げて人生の戦略を立てている人もいます。

日本最大級の弁護士、法律のポータルサイトである「弁護士ドットコム」を作った元榮太一郎氏は、今やベンチャーで有名な弁護士です。彼は自分が弁護士の資格を取った頃には法科大学院制度ができたため、数年後には弁護士が増えて、どんどん自分が希薄化して、案件は回ってこないだろうと思ったそうです。そこで「弁護士ドットコム」を作ったのです。

これも抽象度を上げたわけです。自分は単なる法律の技術士ではないという考え方にシフトしたのです。スキルレベルの「何とか士」ではなくて、もっと上の大戦略まで自分を持っていって、お金も用意して、資金調達もして、ポータルサイトを開いてみた。すると、逆に弁護士としての仕事もいっぱいくるようになって、それで生活を支えながら弁護士ドットコムを運営していったのです。

こういうところまで考えられるかどうかが、これからを生き残る思考です。まずは

"武器"を捨てられるかが問われているのです。

それは覚悟と言ってもいいかもしれません。資格を持っていなくてもかまいません。持っている人を知っていればいいだけのことですし、もしくはそうした人たちを使えばいい。これが戦略的な考え方なのです。

目標を立てるなら「大戦略」まで突き進め！

あの自動車王フォードは、電話をいくつか持っていて、何か質問がきたら「その質問については彼に電話して」と答えて問題を解決していました。また、新聞記者が何か聞いてきたら、どこかに電話してその質問に答えたのです。

あるとき、意地悪な記者に「あなたは何も知らないではないですか」と言われたことがありました。そのとき、フォードはこう答えたそうです。

「俺は専門家を使うのが仕事だ」

また、鉄鋼王アンドリュー・カーネギーは自分の墓石にこう記しています。

「自分より優秀な人間を使う方法を知る男、ここに眠る」

カーネギーが使った「優秀な人間」というのは、抽象度が低かった人々のことです。カーネギーは知識はなかったのかもしれませんが、抽象度は高かったというわけです。その差が彼を大富豪にしたのです。

では、この世の中で最も抽象度の高かった人物は誰でしょうか。

それは、イエス・キリストやブッダです。あの人たちのレベルになると、テクニックなどはまったくありません。もちろん、彼らもシャーマン（霊媒師）のようなものすごいことはできたのかもしれませんが……。


さて、「戦略の階層」では、軍事戦略と大戦略のレベルがあります。この2つは「戦略の階層」におけるものすごく大きな転換点だと私は思っています。要するに、個人の階層における大きな転換点なのです。

軍事戦略というものは、たとえば英語の資格試験を取って、通訳の資格も取ったけれど食えないからということで、通訳の会社をまとめて、会社単位で大きくするというレベルです。

要するに仲間うちでやっていた通訳が、今度は会社単位になって、通訳会社と翻訳会社という大きなかたまりになっていった。これが軍事戦略です。

その上の大戦略というものは、戦略学的な意味から考えると、戦争のための戦う前の準備の部分を指します。部隊の配置であるとか、資金の提供であるとか、そういうところを考えることです。人生の場合で考えると、ファイナンシャルプランニングなどは大戦略のレベルに入っていきます。

この2つの戦略のレベルの違いがお分かりいただけたでしょうか。軍事戦略は実際にどう戦うかという考え方が入っているのですが、大戦略には入っていないのです。

大戦略は、事業を資金的にバックアップする場合の、ベンチャー企業などを立ち上げる際の資金調達のレベルなのです。

大戦略になってくると、もう自分で翻訳作業をすることはなくて、会社があって、自分はその上に立って、資金の調達のほうを頑張るということになってきます。医者でも自分は患者さんを診ないで、資金調達や薬の選定や医療機器の導入を行うだけで、経営に専念します。

最近、ある税理士会社のトップの方に話を聞いたことがあります。彼が言うには、どうやら10人と30人を超えるか超えないかがこの業界の1つの会社規模の基準になるそうで、売上も1億円と3億円を超えるか超えないかがメルクマールになるらしいのです。

最近その彼の同業者のなかに、それを軽々と超えて100人も雇っているすごい人がいると言います。その人はどういった人なのですかと尋ねたら、その人は自分自身が税理士なのに、税理の実務に関する仕事はいっさいしないらしいのです。

ではいったい何をしているかというと、ほかの税理士、つまり自分の部下の税理士たちが働きやすい環境や仕組み作りをしているのです。つまり「私の使命は環境作りです」と言ったらしいのですが、これはまさに抽象度が上がっている例です。レベルで言うと、ここが「大戦略」です。

たとえば小さい会社であれば、資金調達から会社をどうするかというところまですべて社長1人で大戦略まで考える場合もあります。昔の社長ならば、おそらく大戦略くらいは持っていたと思います。

10年くらい前までは、前述した神田昌典氏の教える手法などで、ファクス１本のマーケティングで儲けてウハウハしていた社長がかなりいました。大戦略ではなかったとしても、軍事戦略ぐらいまでは見事にはまって、それなりにオペレーションが回っていました。

彼らには意外と簡単にお金が集まっていました。しかし、何年も勝ち続けるのは絶対に無理でした。それには最低でも大戦略ぐらいのものが必要だからです。

３、４年くらいの短期間に一時的に伸ばすためには、そこそこのいい商品があれば、軍事作戦のレベルで十分うまくいくようです。

ですから、よく経営の世界で言われるのは、「戦略なき戦術は、敗北前の馬鹿騒ぎ」という言葉です。これは要するに「戦術」レベルをいかに構築してオペレーションを組んでも、「戦略」がなければ会社は長期では持たなくなるということです。

たとえばこれは、戦術レベルで売っていた主力の商品が売れなくなったら終わりということを意味します。つまり、「戦略の階層」の下の４つのレベルくらいだけで会社をやっているような経営者は、基本的に危ないということです。

10年くらい前まではそういった会社がたくさんありました。とくにＩＴ導入が全盛期だった時代には、資金的なものがあまりかからなかったのです。ＩＴがちょうど出てきて、メルマガで煽って売ったりしていた時期がありました。ところが、今はそれでは売れなくなってきています。

こうなってくると、これからの時代は抽象度を上げていくしかありません。当時はうまくやっていて敗北した中小企業がたくさんあったのですから、やはり上のレベルで考えることのほうが重要になってくるのです。

最後に「政策」と「世界観」という最上階の階層を説明します。まず「政策」というのは、自分の行きたい方向への志向性というか、生き方、つまりポリシーです。

その上の「世界観」になると、これはもう「あなた自身は何ものか?」というところが出発点になっています。目標設定であればビジョンとなりますが、これは「なりたい自分」「自分はどうあるべきか」「自分とは何ものか」というアイデンティティーに直結してきます。そういう意味では、最も「ソフト」な概念で、当然抽象度は高くなります。

私たちにとって「ポリシー」や「ビジョン」というものが曖昧になってしまう理由は、自分のポリシーがそのまま自分というふうに考える傾向が強いからです。この２

つの違いは、先ほども述べた、抽象的な議論ができる能力の違いに直結していると思われます。

英語スキルは単なる〝武器〟なのか？

英語を1つの「武器」と考えれば、TOEICの点数を取ることを目標にすればいいでしょう。しかし、英語に対する抽象度を上げるならば、「英語でディスカッションする」という目標を立ててレベルを上げることが可能です。

英語でディスカッションする力が強ければ、「戦略の階層」を上に上げていけることになるわけですから、最終的には、ディスカッションは戦術レベルを超え作戦レベルまでいけるようになります。

作戦レベルでディスカッションできるようになると、今度は「プロジェクトを立ち上げる」という目標が立てられます。さらに軍事戦略レベルぐらいになると「海外で

ＭＢＡを取って経営規模の仕事をする」という目標も立てられることになります。

このように、英語を学ぶだけではなく、それで何をするかということを考えていくほうが大事で、ＴＯＥＩＣの点だけを伸ばすのではなくて、相手に共感してもらったり、相手と議論をして商品を買ってもらったり、相手の受けるイメージを変えていく作業ができるようになったりしていけば、スキルという武器はスキルではなくなっていきます。

それは単なる単語力ではなくて、物事をどう表現するかという表現力やコミュニケーション力、ディベート力に変わっていくのです。

ただし英語ができるからといって、わざわざアメリカと折衝することはなく、相手はアジアでもいいわけです。アジアで英語を使って、戦略的になってもいいのです。

日本で英語の試験となると、英語の単語をいかに知っているかという暗記ものばかりです。私は暗記を否定するわけではないのですが、どちらかと言うと、暗記ものの試験だけでは、「おまえはどれだけ知っているのか」「幅広く知っているのか」というところを問われるだけです。ところが、私がイギリスで受けた試験というのはまったく違います。

たとえば日本のように、知識のテストだけだとカンニングができてしまいます。覚えているか覚えていないかだけの話ですから、記憶力のテストになるのです。向こうのテストは、大部分が論述試験です。つまり、「おまえは予習でこれだけ読んでいるはずだから、それをネタにして、おまえの主張したいことをこのなかから見つけてきて、相手を説得しろ」という問題です。

海外ではこういうことを普段の授業でやっているわけです。試験ではそれこそカンニングなんてできません。とうてい無理な話です。問題は自分の考え方でいかに説得していくかという点にあるわけですから、テストのときにいくらオープンにしてもいいわけです。

イギリスにいたとき、フランスの大学の入学試験では、次のような問題があったと聞きました。

「今あなたは夜中にセーヌ川のほとりを歩いている。楽しかったパーティーが終わって気分よく歩いて橋の近くまで来たところ、そこで自殺しようとしている若い娼婦に

英語の勉強を「戦略の階層」に落とし込むと……

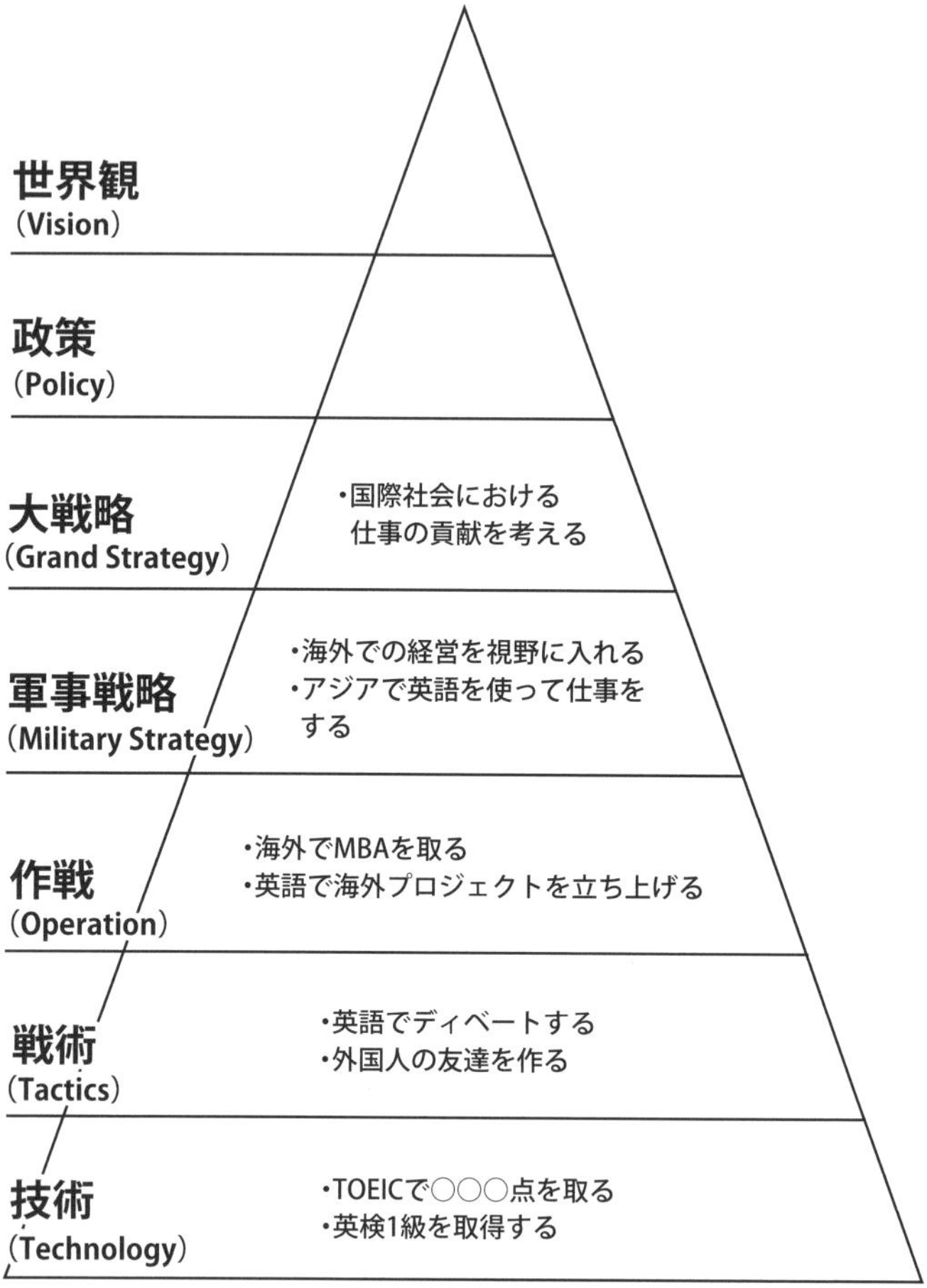
世界観
（Vision）
政策
（Policy）
大戦略
（Grand Strategy）
・国際社会における
仕事の貢献を考える
軍事戦略
（Military Strategy）
・海外での経営を視野に入れる
・アジアで英語を使って仕事をする
作戦
（Operation）
・海外でMBAを取る
・英語で海外プロジェクトを立ち上げる
戦術
（Tactics）
・英語でディベートする
・外国人の友達を作る
技術
（Technology）
・TOEICで○○○点を取る
・英検1級を取得する

出会った。この女に、自殺をやめて人生を前向きに生きるよう説得する文章を書け」

これはいかにもフランスらしいものです。こんな問題は、日本ではまずあり得ないでしょう。

これが日本の試験だったら、たとえば、「セーヌ川はどこからどこまで流れているのか」とか、「その川の単語の綴りを書きなさい」という問題にして、しかもマークシート式の選択問題にしてしまうところでしょう。

ところが向こうではいかに自分の言葉で相手を説得できるのかを試すわけですから、もう完全に抽象度が上の試験なのです。

ですからディベートをやったり、プレゼンをすることが重視されるわけですが、これはつまり、自分がやったものを表現できて初めて点数がもらえるということです。しかし日本の場合、そもそもプレゼンの成績をつけることができる先生自体が少ない。

暗記力だけなら、マークシートを使ったペーパー試験のようなものだけで判断できるから楽なのです。そもそも先生自体がそういう文化に染まっていますから、ここから抜け出すのはなかなか難しいわけです。

しかし、プレゼンを行うようなところまでいくと、抽象度が高くなります。これは政策レベルのような、上のほうまでいけるわけです。どういうふうに相手を説得しようと思っているのかというところまで問われたら、その人の価値観が思い切り出るわけですから。

また、プレゼンでは服装、声のトーン、髪形からその人の意気込みまで、人間の表現力がすべて出るという意味で、戦略の階層の一番上が鍛えられるのです。

「世界観」からも人生を攻めてみる

「戦略の階層」の一番上の概念として位置する「世界観」というのは、最も抽象的なもので、目標を立てる際には、絵や図や写真でイメージできるかというところが鍵になってきます。今ふうの言葉で言えば「ビジュアライゼーション」でしょうか。

たとえば、工場でドロドロになって、つなぎを着て働いていた人が、将来自分が研究所で白衣を着て働いているというイメージをできるかどうかが決定的な違いを生みます。そう想えるかどうかです。つなぎを着ている状態から脱却するには、まず白衣を着ている自分というイメージを持つことが大事だからです。

スーツを着て働くのか、ネクタイを締めないでTシャツで働くのかはどうでもいいのですが、重要なのは何年後に自分がどんな服を着ているのか、どんなネクタイをしてどんな時計をして、どんなところに住んでいて、どんな友だちがいて……という点です。これが詰まるところ、新しい自分を作っていくためのプロセスである「アファメーション」（自己肯定）になってきます。

そうした目に見えるイメージ、絵を持っているかどうかが「世界観」に落とし込むうえでは欠かせません。まず絵があって、そこから下の階層にいかに落とせるかというところが勝負です。

しかしこのような作業は日本人にはなかなか難しいですから、下の階層から上の階層に上げていくのでもかまいません。そして同時に、一番上の階層から下の階層に落としていくこともやっていって欲しいのです。

その最大の理由は、階層の下から上げていくには、とても時間がかかってしまうからです。しかも最下層から上げていくとなると、「政策」や「世界観」のレベルでつまずきやすくなります。なぜなら、抽象度の高い思考が先にないからです。

この本が「武器を捨ててみよう」と言っているのはここなのです。

つまり、**階層の下にある〝武器〟のようなハードのものは、いったん捨てる覚悟で臨まないと、そこから上に上がれない**のです。まずは捨てないと上には上がれない。あなたもすでにそのことにお気づきのことと思います。


本田直之という人がいます。彼は「レバレッジ」シリーズの本の作者なのですが、彼はラジオで「ハワイに住むと決めてから16年かかりました」と言っていました。彼は大学生の頃からハワイを強烈にイメージしていたわけです。

この目標のために階層を上下しながらも、16年の月日をかけてお金が入ってくるシステムを考えて、リアルライフで日本とハワイで生活する目標を達成しました。

このように、自分のイメージする絵が最初にないと、いつまで経ってもハワイに行けなかったでしょう。ハワイはいいなと思う人も多くいるでしょうが、絵にしてイメージしていない人は、普通はハワイに住むことをあきらめてしまいます。

ハワイはいいなと思いつつも、絵にしてイメージしないから目標は達成できない。

つまり、下の階層から積み上げていくよりは、イメージできる「世界観」を先に持ったほうが、目標の達成率がグンと高まるのです。

ですから、日本式に下から抽象度を上げていきながら、同時に抽象度の高いほうからイメージすることも訓練しておかなければなりません。

考えてみれば、あの本田直之氏でも16年かかっているのです。

まずはあなたも目標を立てることからスタートしてみてください。

人生には「世界観」よりも上のレベルが存在する

私が「戦略の階層」を勉強していくなかで、「世界観＝ビジョン」を個人に落とし込んで考えていたときに、ふと気づいたことがあります。それは、「そもそも自分とは何なのか？」という問いには、それよりも上の階層があるのではないか、ということでした。

この概念はアイデンティティーよりも上のレベルで、「**死生観**」や「**宇宙観**」とでも呼べる段階です。ここには「この宇宙の仕組みはどうなっているか?」というところまで含まれてきます。

日蓮上人の有名な言葉に、「まず臨終の事を習うて、後に他事を習うべし」というものがあります。これは要するに、自分の人生を成功させたいとしたら、おまえが棺桶のなかに半分足を突っ込んでいる、つまり死ぬ瞬間を思って人生を振り返ってみよ、という意味です。

死の瞬間を基準に考えると、今何をするべきなのかが分かるということです。これはもう、宇宙から見ればほんの一瞬にしか生きていない自分を考える「宇宙観」というレベルであって、死ぬ瞬間(一番上のレベル)から下を見ろということなのです。そうしたら人生のやるべきことが分かるだろうという教えです。

最近では、終末期医療の話に関する本がかなり出版されていますが、そのような本では死ぬ瞬間に人が何を後悔するのかというエピソードが集められています。

こうしたエピソードは、ネット上でもけっこう出てきます。人間が死ぬときに後悔すると、結局は「やりたいことをやれなかった」「あの人に会っておけばよかった」

「そんなに仕事をせずに家族との時間を取ればよかった」というふうにいろいろなことが出てきます。

このように「あっちの側」から見て人生のビジョンを考えるのも、1つの手だろうと思います。

スティーブン・コヴィー氏が書いた『7つの習慣』（キングベアー出版刊）という有名な本がありますが、その「第二の習慣」のところで葬式のフィナーレの場面が出てきます。つまり、自分の葬式を俯瞰してみなさいということです。自分が死んだらどういう葬式が執り行われているのかを考えさせるのです。どういう人が来て、何人の人が来てくれて、どういう人が泣いてくれるのかを想像するのです。

それが「死生観」です。

これは階層の一番上です。ただし、戦略学の世界では公式なものではありません。しかし、ビジョンや世界観、アイデンティティーを考えろと言われても、日本人にはパッと答えられない。それよりも「死生観」と問われれば、「自分は○○である」といったビジョンは想像しやすいのではないかと思ったのです。

「死生観」という考え方は、江戸時代の佐賀鍋島藩の武士としての心得について書かれた『葉隠《はがくれ》』の世界です。このなかにある「武士道と云ふは死ぬこととみつけたり」という言葉がまさにそれで、まずどういうふうに死ぬのかというところに人生の美しさを見ているわけです。そこから人生を考えているのですから、もう圧倒的に無敵なのです。

もしも「死生観」が見つけられれば、逆にこの下の階層に対してはまったくブレなくなると思います。自分は何を残していかに死んでいくかということが分かっている人は、やはりすごみがあるわけです。

まあ、私もまだ「死生観」を語る年齢ではないので、解説はこれくらいにします。

日本人もイメージを表現できる「世界観」を持っている！

先ほども「世界観」をイメージするためには、それを絵やビジュアルな形でイメージできるかが鍵であると述べました。これは完成した絵というか、理想の絵のようなものです。

こうしたイメージを絵などで視覚化することは、やはり欧米人はうまいなと思います。たとえば、よく街に立っている某キリスト教系の組織の勧誘があります。彼らは天国の絵を描いて、写真を手に持って街頭に立っています。

前に私の家に来たことがあって、彼らは聖書の説明をするよりも、絵を見せるだけなのですが、この絵だけで彼らの目指す理想の世界がよく分かります。そこには老いた人はなく、若者しかいないのです。

「こういう世界を私たちは目指しています」とやるわけですが、これは明らかにビジョンを示しています。しかも具体的な絵で示している。うまいやり方だなと感心したことがあります。

やはり自分が目指しているところを絵で示すというものは、多くのビジネス書や自己啓発書にも書かれている通りです。それを最近では「ビジュアライゼーション」と言っていますが、天国など目で見えないものを絵にしてきた伝統を持つ欧米人はさすがに強いわけです。

たとえビジュアライゼーションしても、「世界観」のほうにいけばいくほど真似できなくなります。なぜならそれは抽象的で、アブストラクトなもので、未完成なものだからです。

反対に、「技術」ではなぜダメなのかというと、これはもう再三言ってきたことで、技術というのは模倣されやすいからです。下にいくとコンクリート、つまり具体的で完成品に近づきます。随時更新していくというか、アップデートされていくのが技術レベルなのです。最終的には1つの形になって完成してしまいます。

しかし、階層が上にいけばいくほど追い越されなくなります。そして、オリジナリティーが強くなっていく。その証拠に、クリスチャンの「世界観」は真似されていません。厳密に言えばほかの宗教にやや真似されている部分はありますが、それでもあの「世界観」は圧倒的です。

ある有名な言論家が真似のできないものは抽象度が高いということを言っています。彼はいろいろな論文を読んだり、小説や宗教書まで読んでいるので、たとえば夏目漱石の晩年の作品に、30歳くらいの読者を想定して書いている作品に、昔はすごいと思ったけれど、最近は全然感動しないと言っていました。

それはなぜかと言えば、彼はものすごい量の本を80年以上も読み続けている人ですから、小説の心理描写などは達観していて、今さら何とも思わないそうなのです。小説も最近ではほとんど感動しなくなったということでした。

ところが、彼でも最後まで勝てないのは短歌だと言います。石川啄木なんていう歌人は、実はちゃらんぽらんなやつだけれども、それでも見事な詩だと感動するそうです。百人一首もすごいと。短い言葉でバーンとくるイメージというものには勝てないと書いていました。

これは文字で表現する世界では、逆に描写しないでいかに情景を表現できるかというところがあるために、抽象度で断然上だということです。考えてみれば、短歌や俳句の世界は、もう「世界観」のみの勝負です。

「しづ心なく花の散るらむ」などはすごい表現で、日本人もそういった「世界観」をイメージするポテンシャルはすでに持ち合わせているのです。言い換えれば、**かつては日本人も強い「世界観」を持っていた**はずなのです。

漢詩などもまさにそうで、伊藤博文などは大和歌も非常にうまかったのです。漢詩にいたっては中国人ですら舌を巻くくらいだったと言います。中国人は詩のほうはと言えば、そもそも音と漢字（象形文字）をどう合わせられるかだけの科挙の試験用でしたから。

ところが、日本人はそこに壮大な世界観を感じる表現をしています。こうした世界観は、必ず世界からも認められます。

たとえば、『007』シリーズの作家イアン・フレミングは、日本の俳句に魅せられて、シリーズのタイトルを俳句のように短く表現しています。

「007は二度死ぬ」というのは、芭蕉の俳句の影響です。

スパイがあんなに女性と寝ていたら、情報はダダ漏れでハニートラップにかかります。作品ではジェームズ・ボンドがハニートラップをいかにくぐり抜けて指令を遂行するかという話なのですが、原題に興味のある方はご自身で調べてみてください。

ここで重要なのは、抽象度を上げていくと、短歌や俳句的になるということです。これが1つの世界観に対するアプローチの仕方です。上にいけばいくほど分かりづらくなるというか、ビジョン的なもの、象徴的で曖昧なもの、つまり絵のようになっていきます。ですから、言葉では説明できなくなってくるのです。だからこそ、相手のイメージを変えることができたときにはものすごい力を発揮するわけです。

たとえば、昔オウム真理教が流行って、頭のいい人がどんどん入信していましたが、あれは彼らがあまりイメージの練習をしたことがなかったからということが1つの原因です。そこにつけ入られてしまったために、何年も洗脳が解けなかった信者が大勢出ました。強烈なイメージを植えつけられてしまった結果です。

彼らはもともと強い死生観は持っていなかっただろうし、ましてや確固たる世界観も持っていなかったと思います。自分がどういうふうに生きようかとか、どんなライフスタイルがいいかということを一度も考えたことがないでしょうから、この世がおかしいから毒ガスを作れという命令を聞いたときに疑わずにやってしまう。

実はこういった現象は、日本に自殺者が多いことと同じ構造です。

こう聞くとびっくりする方もいるかと思いますが、自殺してしまうということは、まず「死生観」という最も高い概念が弱いだけでなく、「世界観」も薄いからです。

自殺の原因はさまざまでしょうが、結局はこの世の中で生きている意味がなくなったと思い込んでしまうからです。「お金がない」「仕事がない」という理由は、「戦略の階層」から言えば、ほとんどが一番下のレベルになるのです。

人は抽象度を上げていかないと、自然にそれが下がるようになっています。これは生活レベルに連動しているところがあります。いざ抽象度を上げようとしても、人間には「ホメオスタシス」（恒常性）という機能が働いて、今までのレベルに下がろうとしてしまうわけです。そのメカニズムから脱出するために、「世界から戦争をなくす」というような強烈なビジョンを上に置かないといけないのです。

こうした考え方は、まさに「戦略の階層」そのものです。

第4章
あなたの人生に「2つの戦略」を授けよう

戦略に隠された2つの意味

第3章の「戦略の階層」という概念から、戦略がどのあたりのレベルにあるものなのかがお分かりいただけたと思いますが、この章ではいよいよ具体的な戦略の説明に移ります。

ここできわめて重要になってくるのは、私が翻訳したJ・C・ワイリーの『戦略論の原点』（芙蓉書房出版刊）という本の第3章で説明されている、**「順次戦略」**と**「累積戦略」**というものです。

この本の内容もどちらかと言えば、先ほどから解説している「そもそも論」です。

では、戦略には全体的にどのようなものがあるのかという、細かい具体的な戦略はまた別に置いて「そもそも論」から考えると、実際はワイリーが言ったように、「あらゆる戦略というのは、実は大きく見れば2つのタイプしかない」ことになります。

すべての戦略は2つに分かれるのです。

これは、ビジネス戦略でも、いわゆる成功法則でも、自分を優位にしようというか、自分をとにかく成功させる、コントロールするための「戦略」という意味では、すべてにおいて2つのタイプしかないのです。それがワイリーの唱えた「順次戦略」と「累積戦略」です。

戦略を推し進めるうえでは、まずこの2つの理解が大前提になります。

さて、このワイリーという人ですが、彼はアメリカ海軍の軍人でした。昔から「戦略とは何か」ということを四六時中考えていて、あるときにドイツのハーバート・ロジンスキーという元軍人から「戦略には2つのタイプがある」と聞きました。

つまり、この考え方はワイリーのオリジナルな考えではないのかもしれませんが、いずれにせよ、2つのタイプを「順次戦略」と「累積戦略」と表現したわけです。しかもワイリーは、この分類の説明を、『戦略論の原点』のたった7ページしかない第3章で行っています。

では、「順次戦略」と「累積戦略」とは何なのかを具体的に見ていきましょう。

「順次戦略」という「すごろくゲーム」

まず1つ目の「順次戦略」ですが、これは英語で「シークエンシャル・ストラテジー（sequential strategy）」と言います。

順次戦略というのは、シークエンスという名前の通り、物事を連続させて進む戦略のことです。そこには手順や順序みたいな並びがあって、言うなれば「すごろく」のように進むタイプのものです。

私の説明では分かりづらいかもしれないので、実際に当のワイリーが使っている例で説明しましょう。

ワイリーが使った例は、日本とアメリカが第二次大戦で戦った、太平洋戦線での話です。実は彼もこの戦いに参加しておりまして、日本軍と戦火を交えているのです。

アメリカはこの戦線で日本に勝つために、やはり2つのタイプの戦略を使っております。その一方が順次戦略なのですが、まず戦争の最初に日本はアメリカの真珠湾を攻撃しました。ここから太平洋上での日米戦争が始まったわけです。

では、アメリカはこのあとにどうしたかというと、まず真珠湾にあった基地を修復して、それから主に3つのルートを使って、日本に向かって太平洋を渡り、どんどん進んで行くことを決めました。

南のフィリピンのほうから回っていくやり方と、真っ正面を突っ切っていくやり方と、一番北のアリューシャン列島から北海道のほうへ下りてくるという、3つの方向から日本に対して攻撃を仕掛けてきたわけです。

しかもそれは洋上艦、つまり潜水艦ではなく、水上に浮かんでいる軍艦で「すごろく」のように進軍するというものでした。そうやって、目標である東京の大本営に向かって進んだわけです。

この進み方にはいくつかの特徴があります。まず「目標」や「ゴール」がしっかり決まっていました。

さらにはその目標に対して、現在はどこまで進んでいるのかという「数値化」ができました。たとえば、現在は東京まであと5000キロの位置まで進軍してきたとなれば、あと5000キロ進めばゴールということになります。そういう形でどんどん距離を縮めて、最終的には東京にある大本営を破壊すればいい、あそこに攻撃を仕掛ければ日本は降伏すると考えていたわけです。

これはまさに「すごろくゲーム」と一緒です。しかも目標は地図上に見えていて分かりやすい。

たとえば、ハリウッド映画で数年前に有名になった「硫黄島」をめぐる戦いがありますが、アメリカがこの島を取れれば、そこに滑走路を作って、日本の本土へ直接爆撃することができるわけです。

つまり、この島が東京の大本営という次の目標への到達につながるためのもので、次のステップとしての基地となるわけです。このステップが終わったら次のステップに行けるということなので、「すごろく」のように見えるわけです。

日本側も太平洋の地図を見て、ここを取られたら本土爆撃をされるということを十分に分かっていたので、硫黄島を守るために必死に戦っていたわけです。沖縄もそういう意味で重要になることが分かっていたので、日米は正面からぶつかったわけです。

このような「すごろく」で、目標に向かって3つの方向から洋上艦で同時に攻めていくという戦略は、言い換えれば「目に見える」戦略であるということになります。

つまるところ、順次戦略を表すキーワードとしては、**「目標」「数値化」「地図」「分かりやすさ」「見える化」**というものが出てくると言えるでしょう。

「累積戦略」という「しらみ潰しゲーム」

もう1つのタイプの戦略が累積戦略というものですが、これは英語で「キュミュレイティブ・ストラテジー（cumulative strategy）」と言います。日本語では「累積」ということなのですが、これはどちらかと言うと、成果をだんだんと貯めていくという戦略です。

では、この累積戦略というのはいったい何なのかというと、ワイリーの説明では、アメリカが潜水艦を使って日本の民間の輸送船を魚雷で次々に撃沈していった戦略がそれだと言うのです。

日本はその当時、台湾をはじめとする南洋のほうの土地をコントロールしていたわけで、そこに物資などを輸出入していました。ですから、そこまでは輸送船が必要だったわけです。その輸送船を、アメリカはとにかく潜水艦で何も警告せず、見えない海のなかから魚雷で撃って、1隻1隻沈没させていきました。もちろんこうした行為は国際法でアウトですが、その話はここでは置いておくとします。

とにかく、このような潜水艦による輸送艦を狙った戦いが累積戦略です。

今日1日、日本の輸送船を1隻沈めたとしても、これはそれ以前の撃沈とあまり関係なくて、とにかくこの撃沈はその場だけの、いわば「一話完結」型の任務です。たった1回の戦闘が独立した作戦で、その作戦だけに集中しており、前後の文脈はあまり関係ありません。

これと似たようなものがゲリラ戦です。ゲリラの襲撃というのは、1回1回が戦果としては独立していて、その戦果がどれだけ全体につながるかまでは分かりません。前後の順番がつながっている「すごろく」のような順次戦略とは違って、累積戦略には前後の脈絡に関係性や連続性がないわけです。

これはまさに「しらみ潰し」です。「しらみ潰し」のように、アメリカは潜水艦を使って輸送船や客船を1隻1隻撃沈していったわけです。

ところがアメリカ側は、この戦略を使い始めた時点では日本にいったい何隻の輸送船があるのか、つまり何隻沈めればいいのかまでは、正確には分かっていませんでした。とにかく分かっていたのは、1隻1隻落としていけば、どの時点かで絶対に日本側が音を上げるだろうということでした。沈め続けていけば、ある時点になったときに日本側は「あれっ、代わりの船がなくなってしまった、物資が送れないではないか……」ということになります。

そうなると前線にいる兵士に弾や燃料や食糧などの必要物資が届かなくなるので、彼らの戦闘力は落ちてしまいますし、さらには食べ物もないので兵士が餓死していくことになります。実際に、ガダルカナルをはじめとする辺境の激戦地で起こったのはまさにこういうことでした。

このように、アメリカは太平洋の戦線において、日本に対して「順次戦略」と「累積戦略」という2つのタイプの戦略を仕掛けていたのです。

順次戦略というのは、どちらかというと**「見える戦略」**で、数値化が可能です。あと足りないのはいくつだからと言うことで、どんどんそれに対して支援を充てていけばいいわけです。数値化できて、次の段階の予測がある程度つくものです。

それに対して累積戦略は、順次戦略に比べて、効果の出方が不確実なところがあるのです。どこが限界点か分かりません。しかし、分からないのですけれど、とにかく1隻1隻沈没させていくわけです。いつか音を上げるだろうと信じながらです。その限界点は実在するわけですし、本当に一気に効果がウァーッと表れるのです。

これは水と一緒です。どんどんどんどんコップに水を入れるとします。そうすると、1滴ずつ入れていっても、満タンになるまで何も起こりません。ところが、ある一定の限界量を1ccでも超えた瞬間、まさに最後の1滴を入れた瞬間にウァーッと水があふれ出ます。この現象と一緒で、累積戦略というのは、効果が出るときにはジャンプするような感覚があります。

どちらかと言うと非正規戦的というか、ゲリラ戦的で、効果の表れ方がちょっと違う。ボクシング用語で言うと、ボディーブローみたいな感じです。効果はある時点で急に出てくるのです。

今までビジネス本や成功法則の類の本を何冊か読んだことのある方々はうすうす気づいていると思いますが、これらの本というのは、必ずどこかで共通するところがあります。

しかし全部共通というわけではなく、どこかで互いに矛盾したことも言っている。たとえば、一方では「目標を人にどんどん話せ」とアドバイスするものがあったと思ったら、逆に「人に目標は話すな」というものもあります。

私はこの矛盾を前からなんとなく感じていたわけですが、ワイリーの翻訳でこの順次と累積の区別を見た瞬間に、「あっ、これがその違いの元なんだな」と実感したわけです。

結局、あらゆる戦略を説いた本というのは、累積戦略か順次戦略のどちらかを強調したものなのです。

日本で流行している「順次戦略」の落とし穴

では、日本で流行っているビジネス本や自己啓発本ですが、そこにはどんな戦略が書かれているでしょうか。

それはもう圧倒的に順次戦略、つまりシークエンシャル・ストラテジーです。「目標を明確化して紙に書け」とか、「ビジョンを示せ」とか、「バランスシートを見ていけ」とアドバイスするものばかりです。どちらかと言うと「目に見える戦略」を説いた戦略論です。

最近売れているものはこちらばかりで、その代表的なのが勝間和代氏の書いている一連の著作です。彼女のものはすべてが「目に見える」というキーワードでひとくくりにできる順次戦略ばかりです。

順次戦略というのは「数値」と「目標」を強調します。ただし、私がいろいろと見てきた結果として、共通項として見えてきたのは「目標」と「イメージ」です。これが順次戦略のエッセンスです。

人前で話をさせていただくときによく使う例として私が挙げるのが「薬ヒグチ」という店のコマーシャルです。

黄色い看板のドラッグマートのチェーン店で、今のマツモトキヨシの先駆けみたいなものです。この会社がだいぶ昔にテレビのコマーシャルで、おそらく先代の社長と思われる人物が出てきて、「目標１３２７店！」と宣言しておりました。この動画は今でもＹｏｕＴｕｂｅなどで検索すると出てきます。

これなどはまさに順次戦略の典型です。この社長は、１３２７店舗を最終目標にして、全国に1店舗ずつ増やしていくという拡大戦略を宣言していたわけです。しかも重要なのが、そこに具体的な数値目標が掲げられているという点です。たいてい数値やデータがあるわけです。

この順次戦略に従っていくとすると、たとえば、あなたがこの会社の社長だったとして、現在の店舗数が５００だったとしましょう。そうすると１３２７という店舗を目標にしているわけですから、計算するとあと827店足りないわけです。

そこでこの827店を埋めるためにどうしようかと考えることになるわけですが、ここでは進み具合が太平洋戦線における米海軍の洋上艦隊のように、どこまで進むべきなのかが数値化されていて明確です。

三橋貴明という若手の評論家の方がいらっしゃいます。この方は「中小企業診断士」という資格を持っておりまして、バランスシートという観点から日本経済をいろいろと鋭く分析していらっしゃいますが、この考え方も順次戦略的です。

すべて数値化して、どこに問題があるのか洗い出せとか、「見える化」しろと言いますよね。「ビジュアライゼーション」もそうですが、最近のビジネス本のほとんどが順次戦略に分類できるものだと言っても過言ではありません。

その順次戦略の本ですが、全体的にどういうことが強調されているかというと、その根本的な共通項を挙げるとすれば、やはり「目標」と「イメージ」です。

私が専門で研究している地政学も、どちらかと言えば順次戦略的なもので、地図という人間の目に直接訴えかけるものをツールとして使うことを説きます。このように、順次戦略でよく使われるのは、「ビジュアライゼーション」というか、「見える化」というものです。

　成功本などでいうと、たとえば望月俊孝氏のやっている「宝地図」などというのは、まさにその典型的なものです。自分の目指す目標を絵に描いて地図にしたり、写真を貼ったりして、自分のビジョンを具体的なものに落とし込んでどんどん実現していこうというのです。これは明らかに順次戦略の考え方です。

　達成したい目標をビジョン化し、それを合理的に考え、できれば数値化し、日付を入れてこの日までに実現するなどと考えるわけです。これは全部を具体的にして、つとめて明確化するような作業をベースにしていくわけです。

あるとき突然に現れる「累積戦略」の効果

　その一方で、累積戦略とはどういうものなのでしょうか？

　これについては私もいろいろと調べましたが、共通のキーワードとして出てきたのが、「**環境**」と「**習慣**」でした。そしてさらに出てきたキーワードが「見えない」もしくは「見せない戦略」です。

ではその反対の順次戦略は何かというと、「見える」「見せる戦略」というものです。つまり、順次戦略と累積戦略は、「見える・見せる戦略」と、「見えない・見せない戦略」というふうに区別できることになります。

つまり、この2種類あるわけです。実際の累積戦略の例を見てみましょう。

まず累積戦略は「見えない」戦略なので、普段からコツコツやって、できれば人に見せないほうがよい戦略である、ということになります。さらに言えば、できれば日常的にいつも行うような、自分の習慣にしたほうがいい戦略です。これは積み上げ式で、いわば「ボトムアップ」方式です。

たとえば、あなたが剣道や空手をやっていたとしましょう。一般的に日本の武道では「型」というものがあります。決められた動きを演じるというものです。

ところが初心者がこれを覚えようとすると、一部で難しい動きのところに引っかかるわけです。でもあきらめずに毎日、とにかく真面目にやっていると、ある日その難しい箇所の動きが突然ふっとできるようになる瞬間があります。「あれ、なんかうまくなったな」と感じるあの感覚です。

私も昔ギターをやっていたのでよく分かるのですが、難しくて弾けないフレーズがあっても、毎日何回も練習していると、ある日突然簡単に弾けるようになる。このときに、何か自分の技術のレベルがジャンプしたような錯覚が起きるわけですが、これこそがまさに累積戦略の効果が出るときの感覚と一緒なのです。

習慣になるまでやって、とにかくできるかどうか分からないのだけれども、ひたすらやり続ける。すると、ある時点で一気に達成できるようになる。これが累積戦略の特徴です。

これはまさにワイリーの例で言う潜水艦を使った戦いと同じです。いつ達成されるのかは分からないのですが、とにかくやり続ける。そうすればいつかポンと花が咲く、という感じです。しかも、その瞬間がけっこう劇的な場合が多いわけです。

言い換えれば、累積戦略というのは、少しずつ積み重ねるとあるとき突然に効果が出る、いわば「見えない戦略」なのです。ところが反対の順次戦略は「見える戦略」です。データが数値化できるため、どんどん「見える化」して問題点を洗い出していきましょうとなります。

実はこの2つの戦略を今まであまり意識して区別してこなかったというのが、日本の戦略論における大きな間違いだろうと私は考えております。

では実際に、欧米の人たちが戦略を行おうとする場合ですが、彼らはやはり順次戦略を意識しています。その反対に日本人は何をやってきたかというと、今まで「見えない戦略」である累積戦略ばかりやってきたということなのです。

たとえばこれは、昭和時代のサラリーマンたちの間でよく言われていたエピソードとして有名な、「じっと俺の目を見ろ、そして俺に任せろ」というパターンです。

上司と心が通じ合って、それで自分はただ努力すればオッケーというものです。これは戦術でも戦略でもないのですが、昔のサラリーマンの風潮というのは今から考えれば意味不明なところがあったわけです。とにかく努力していれば花が咲く、というやつです。

ところがこれはまさに累積戦略であって、あれがあったからこそ、バブルまでの昭和の経済的な奇跡があったということも言えます。目標が何であれ、とにかくただ目の前のことを必死で続けろ、そうすればいつかは花が咲くさ、というのは典型的な累積戦略の考え方です。

今の世の中の風潮としては、みんな順次戦略が必要だということに気づきつつあります。

なぜなら、ひたすら頑張っても成果の出ない社会構造になってきてしまったからです。その一例が、いくら必死に頑張っても、製造業のような仕事は賃金の安い外国に持っていかれてしまうということでしょう。そうなると、日本はもっと頭を使って合理的に儲ける方法を考えなければならないことになる。そうなった結果として、現在の日本では順次戦略が再び注目されてきているわけです。

当然のように、日本で現在ベストセラーになっているビジネス系の本は、ことごとく順次戦略のものばかり。ところが以前から売れ続けているこの分野の古典と言われる本の傾向を見ていて分かるのは、それらが順次戦略と累積戦略をうまく混ぜ合わせたものだということです。

この2つがうまくミックスされているものが、ベストセラーというか、ロングセラーになりやすい、というのが私の率直な印象です。

「順次戦略」と「累積戦略」を両方使うことの重要性

順次戦略と累積戦略がミックスして使われている典型的な例をご紹介します。

私の知り合いの方の大学時代の友人に、現在日本一の婚活パーティーをやっている会社の社長がいます。ここでは仮にSさんとしておきます。

彼の会社はすごい売上で、めちゃくちゃ儲かっていて、ほかにも飲食店などもやっていて、大成功してグループ企業を経営しています。今度はハワイのパンケーキ屋の日本代理店の権利を買って、日本でも展開するらしいのです。

本業の婚活パーティーのほうでも支店は日本の全都道府県に70店舗くらいある。だからすごい規模なのですが、このSさんのビジネスのスタートは浪人生時代に始めた新聞配達で、大学を終えるまでの5年間続けたそうです。

大学卒業後、Sさんは生命保険の会社に就職しました。そうなるとサラリーマンですから、当たり前ですが副業をしてはいけないわけです。それで長年続けていた新聞配達はやめたのです。

保険会社のほうは、社員として入社したけれど、営業をやったときに個人でやったほうがうまくいくと思って、会社をやめて、外部の人間として営業をやりますと持ちかけたそうです。要はコミッション制でやりますということにしたのです。

実際にこういうパターンは非常に少ないらしくて、社員が100人いたら、独立してコミッション制の契約ベースでやる人は1人か2人しかいないようです。その時点ですでに年収2000万円くらい取っていたらしいのですが、そこからさらにその生命保険の会社からの委託もやめて、いろいろな保険に全部入れるというフリーの代理店に移ったと言います。

もちろん代理店になると人を雇ったりしていかなければならないわけなので、普通はここで開業資金として銀行からお金を借りるわけですが、Sさんはそれもしないで、最低でも自分1人だけは食えるようにすればいいということで、もう一度新聞配達を始めたのです。

その後、保険で人を紹介してもらうのには合コンをやるのが一番いいと気づいたS

さんは、社会人になったばかりの若い人を捕まえて、保険を契約してもらいました。

次に結婚するとなったらまた保険に入ってもらう、子どもが生まれたら保険を掛けるということで、できるだけ早いうちに顧客を捕まえてしまえということになり、なんと若者を結婚させるために婚活パーティーをやるということになったのです。

そうなると、気づいたら婚活パーティーで飯を食っている人が周りにいました。しかしSさんは「俺以上にうまいやつがいるわけない」と考えて、自分で婚活パーティーの会社を作ったということです。

ですから保険の代理店もやりつつ、年商も上がり、テレビや雑誌にも出て、それでもう本人的にはすべていろいろ手に入れていたわけです。

ところが、そのSさんに私の知り合いが直接聞いたところによると、Sさんはついこの間まで新聞配達を続けていたとのことです。まだやめていなかったのです。彼はもう収入が億単位なのに、まだ新聞配達をやめていなかったのです。もちろん社長ですから別に副業してはいけないという規定はないので、新聞配達をやっていてもいいわけですが……。

ところが、ここで重要なことがあります。それはこの新聞配達という仕事が、Sさん自身にとっての「宗教」というか、心の支えだったということです。

彼が新聞配達をするには、まず朝早くから起きて、新聞を黙々と配るという作業が必要になってきます。ところが無心に配っている間にいろいろなビジネスのアイディアが生まれてきたということらしいのです。

また、これは自信にもなります。成功した人が普通やらないような仕事を、しかも雨が降ろうが風が吹こうが関係なくやる。すると、ここまでやっているから絶対自分は失敗しないという自信も出てくるわけです。

ベンツに乗って新聞の販売店まで行ったり、わざわざ電車に乗って、そこから原付きのカブに乗り換えて配ったりするときもあったらしいのです。ある意味で意地になって、新聞配達をやり続けたのです。

ひどいときには新聞配達に行くことで赤字になるときもあるわけです。たとえば、車で高速代を払って新聞配達所まで行ったり、遠くから電車で行ったりするときもあるわけですから、もうスケジュール的に全然合理性がないし、体調も崩すかもしれない。それでも彼にとっては、新聞配達はやめられない、神聖な仕事だったわけです。

新聞配達だけではありません。Sさんは横浜の高層マンションの24階に住んでいるのですが、マンションを買ってから1回もエレベーターを使っていないらしいのです。

常に上り下りは階段でやっている。彼は1回決めたら、とりあえず1年はやってみようと思って、1年経って問題がなかったらもう1年やってみようと決めるタイプだと。これは、普通に考えてもかなりめずらしい人です。

また、忘れ物をしたことがあって、最高3回までマンションを往復したことがあるそうです。しかしこれを始めてからは忘れ物が急激に減り、早めに荷物を準備して出かける習慣までついて、おまけに体力もついたと言っています。

そのおかげで今ではホノルルマラソンに出るほどで、最初は完走に9時間かかっていたのが、その次は7時間になって、今は5時間を切っているそうです。ちなみにSさんはハワイにもマンションを持っています。

このSさんの友人の私の知り合いは、Sさんの順次戦略がすごくて、ものすごい目標を掲げてやっていると思っていたらしいのです。ハワイにマンションを持っているくらいですから、目標とイメージ、つまり順次戦略のほうがすごいのだろうと思っていた。

ところが話を聞いてみると、累積戦略のほうがはるかに高いレベルまで行っていたのです。前述の「累積戦略でタメを作っている人が順次戦略をやったら爆発的な成果を挙げられる」という例は、まさにこのSさんの場合に当てはまるわけです。

では累積戦略の効能はいったいどういうところにあるのかというと、やはり精神的に安定感と強さを与えてくれるところです。簡単に言えば「自信」がつくわけです。

これが欧米人の場合だったら、累積戦略というのは自分が信じている宗教だったりします。毎週教会に通うとか、そこで施しをするとか、ボランティアをするとか、一見成功とは関係のないことをやり続けるのです。

一番重要なのは、累積戦略が、まさに潜水艦と同じで、本当は人に見せてはいけないものだという点です。したがって、朝早くから黙々と人に見られない孤独な作業という意味では、新聞配達というのはものすごい効果があったわけです。

また、このような「見えない」作業をやっていることを人に言うのは、実はあまりよくありません。Sさんの場合も15年くらい新聞配達をやっていたわけですが、これもあまり人に話したことはないそうです。確かにそれだけ働いていれば、人に負ける感じはしないでしょう。それが自分のなかの根本的なところで自信になるわけです。

「創発」すれば、人生は一気にジャンプする

累積戦略のほうにはもう1つ重要な概念があります。これについて、会計士の岡本吏郎という人が『成功はどこからやってくるのか?』(フォレスト出版刊)という本のなかで重要な指摘をしています。

岡本氏はハンガリー出身のマイケル・ポランニーという物理化学者の名前を出して、「創発」という概念を紹介しているのです。この「創発」とはいったい何かというと、地球に有機物が出てくる前に、ずっと無機物の混合が果てしなく繰り返されていて、あるとき一気にジャンプした。それがビッグバンの始まりで、無機物から有機物が生まれて、一気にいろいろなものが出てきた、ビッグバンはそこからきた、という仮説についてくる現象のことです。

この「創発」は、最近ではいろいろなビジネス本でも流行って使われている概念な

のですが、私はその岡本氏の解釈がとても正しいなと思ったのです。なぜなら、それが累積戦略の効果の出方とまったく一緒のことを言っていたからです。

累積戦略は、1つの小さな行為をずっと続けて反復していきます。たとえば、岡本氏の本で言われている成功法則などは、「朝5時に起きて勉強しろ」ということだけなのです。それをずっと続けると、あるとき「ジャンプ」が起こるから、そのときを待てというわけです。

これは実は私が論文を書くときに体験したプロセスとまったく同じでした。資料を読んで調べているときに、先生に「そろそろ1つのテーマを決めろ」と言われました。どうしようどうしようと考え続けて読んでいると、あるときに今まで読んでいた本の内容のすべてが有機的にウァーッとつながるような感覚を覚えたのです。

この瞬間が楽しくて学者をやっているという人はけっこういると言われるほど強烈な体験なのですが、それとまったく同じことが、自分が論文を書いていたときだけでなく、みなさんの普段の生活でも、同じような現象が起きているわけです。これが「創発」です。

こうした瞬間を科学史では「ユーレカの瞬間」と言ったりします。何か真理を発見するときというものがあります。累積戦略では、そのような瞬間が訪れる体験ができるのです。小さな細かい経験を大量に積み重ねていくと、あるときにその経験の「量」が「質」に変わって、一気にジャンプするのです。

2つの戦略を東洋思想で考えるとうまくいく

ここで勘違いしないでいただきたいのは、戦略には順次と累積の2つがあるということだけではなく、意識してその「両方」を使わなければダメだ、ということです。順次戦略は絵のようなイメージのほうに集中し、累積戦略は日頃から何か1つのことをやり続ける行為から成り立っています。そして累積戦略は、「創発」を作るための行為なのです。あなたもこの2つの戦略の違いは、もうお分かりいただけたと思います。

では、なぜこの２つの戦略はかくも違うものなのでしょうか？

その根本的な戦略の性質の違いを、ある東洋思想のアイディアが示しています。それは、**「陰と陽」**という考え方です。東洋思想の古典である『易経』のなかに出てくる陰と陽が、この２つの戦略の違いにそのまま当てはまるのです。

まず順次戦略です。こちらは「陽」の戦略です。「見える・見せる戦略」、ビジュアル化、数値化する、合理的、具体的に行う戦略です。量よりも質を重視するもので、目標とイメージを重視します。前後の順序があって秩序があり、１つの方向に進む「見える化する」戦略です。

ところが、次の累積戦略は「陰」の戦略です。こちらは「見えない・見せない戦略」で、非合理的で、ただの繰り返しの行為があり、質よりも量を重視して行う戦略です。進み方は不明確で、あるとき突然効果が出るものです（２０５ページ参照）。

こういう話をすると、「では順次のほうが大切ですよね」とか「累積のほうがすぐれている」という話になりがちなのですが、ここで本当に大事なのは、どちらがすぐれているのかを論じるのは意味がないということです。なぜなら、**この２つはどちらも物事を成功させるためには不可欠な戦略**だからです。

あらゆる戦略には順次戦略と累積戦略があります。これは本当に事実です。ただしきわめて重要なのは、この2つを同時に並行して行うことなのです。陰と陽を混ぜる。その理由は陰陽のマーク、つまり太極図と呼ばれるものが示しております。あれがすべてを物語っているわけです。

これは結局のところ、1日には昼と夜があり、それが交互にやってくるというイメージでしょうか。解釈はいろいろあるわけですが、要は陰と陽が2つとも同時に進行しているという点にあるのです。

このような陰陽論は『易経』などを少し研究して分かったことなのですが、では陰陽のどちらが大切なのかというと、それは両方なのです。ただし順番としては、陰のほうを先にして、そのあとに陽を少しやると、爆発的な効果があるらしいのです。

実はこの章の冒頭にふれたワイリーが、これとまったく同じことを言っています。彼はおそらく『易経』なんて全然読んだことはないはずですが、自分で戦史を調べて出した結論があります。それが、「陰」である累積戦略がすぐれている側のほうが、「陽」である順次戦略を少しやっただけでも、戦争に勝てる見込みが一気に上がると

「陰と陽」の戦略リスト＆太極図

陰●	陽○
〈累積戦略〉	〈順次戦略〉
習慣	イメージ
手当たり次第	目標集中
目に見えない	目に見える
自然	科学
非正規戦	正規戦
心	行動
東洋式	西洋式
予想できない	予想できる
ソフト	ハード
複雑	シンプル
右脳	左脳
非線形（ノンリニア）	線形（リニア）

⋮　　　　⋮

いうことです。

もちろん「陽」だけで勝った場合もあるのかもしれませんが、基本的に「陰」による積み重ね的な戦略があった側のほうが体力があり、それに合理的なシステムを導入すると劇的にうまくいくパターンが多いと書いているのです。

これは何かというと、陰と陽を両方ともミックスしてやらなければいけないという話です。

しかし、たとえば前述したSさんの例にあるように、日本人でもそういう陰を使って成功している人は絶対に多いはずなのですが、陰の部分というのは外からはあまり見えないので、その重要性を忘れてしまいがちなのです。メディアなどでも、ある成功の裏には陰の努力があるというところまではなかなか伝えません。

順次戦略は陽の戦略ですが、これを言い換えると、我を張る、もしくは頑張る戦略だと言えます。これだと目標に向かって必死にやるから、周りも巻き込んで実行しなければいけないわけで、徹底的に自分のエゴを強める戦略なのです。

それはそれでかまいません。今の時代は逆にエゴがある人が少なくて、「草食系男子」とか言われるような人が増えているくらいです。

ところが順次戦略というのは、同時にその反対の累積戦略もやらなければ片方が落ちていってしまいます。順次戦略は陽ですから、陽ということはエゴをどんどん強めるものです。しかし同時にエゴを排する、エゴを削り取る戦略も使わなければいけない。ここに戦略のパラドックスがあるのです。

先ほどの新聞配達のSさんの例で言えば、新聞を配るというのは、人のいないとき、人の働いていない時間に働く、人に見られない孤独な仕事です。

具体的な累積戦略としては、たとえば朝の運動でもお祈りでも何でもいいのかもしれませんが、実はこのような人の目につかない行為というのは、ちょっと古くさい言い方で言うと「陰徳を積む」というイメージになります。

では「陰徳」とはいったい何かというと、一般的なイメージですと倫理・道徳的なコンセプトですが、実は決してそうではありません。これは「陰の努力」というか、基礎的な力を作るための「戦略」なのです。表面にはとらえにくい、見えない土台を作る戦略なのです。この見えない努力は、逆に見せないからこそ「徳」になるわけです。

たとえば累積戦略として、トイレ掃除をやることを推奨する本がありますが、あれはそもそも会社の社会貢献とか、パフォーマンスとして人に見せるものではありません。むしろ自分のためにやる。無私的にやる。だからいいわけです。

累積戦略というのは、「陰」の戦略ですから、ワイリーの言う潜水艦と同じで、やっているところを人に見せてはいけないのです。やっている姿を見せた時点でアウトです。なぜなら潜水艦は、姿を見せた時点で攻撃されて撃沈されてしまうからです。「陰徳を積む」というのは、ひたすら自分の心を鍛える戦略の一環なのです。

見えない部分に力を入れることが重要

有名な話に、青森の木村秋則氏の無農薬のりんご栽培を成功させる話があります。この話も実は、戦略の陰陽の話です。

無農薬りんごを栽培しようと決心した木村さんは、先に木の葉や枝のように、地上に出ているほうのケアだけを徹底的にやって、6年間やって何も成果が出なくて、とうとう借金で首が回らなくなってしまいました。7年目になって、もうダメだということでいよいよ自殺しようと思って首をくくる木を探しに裏山に登って行ったら、そこに野生のドングリがたわわになっているのを見てビックリするわけです。

りんごは農薬を使ってようやくできるのに、無農薬のドングリがこれだけできるのは何かある。そして、ふと周りを見てみたら土がすごくいい匂いだったのです。そのときに土、つまり木の下のほうを自分は何もやっていなかったことに気づいたわけです。そこで土のほうを一生懸命にやって育てたら、とうとう8年目に無農薬のりんごの栽培に成功したのです。

要するに、戦略もこの無農薬のりんごの木の栽培と一緒です。陰という見えない根っこの下の土作りをしっかりしましょう、というのが累積戦略なのです。

ですから、累積戦略というのは作業としてはとても地味で、しかも表面からはまったく見えません。まさに新聞配達や潜水艦作戦と一緒で、毎日見えないところでやるものなのです。言い換えれば、**人に見せない「習慣」**なのです。

真面目にコツコツやる日本人の特性を考えると、日本人が得意な戦略はこの累積戦略であることが分かります。むしろ、自分が信じられるものが決まれば、日本人は意外と長く続けることができます。

ところが心配なのは、今の20代、30代の若い人たちが、このような累積的な戦略が不得意になってきてしまっているのではないかということです。これを直接教えるような人も減ってきましたし、世相的に累積戦略をけなす風潮のほうが大きいからです。累積があっての順次戦略なのに、流行の順次戦略ばかりやって、それを教える肝心の大人たちのほうが、累積戦略の大切さを忘れているというのも大きいのです。

ところがここで注意しなければならないのは、だからと言って累積戦略だけをやっていてもダメだということです。やはり順次戦略も必要なのです。両方を使わなければいけない。少しでも早く花を開かせたいのであれば、累積戦略も同時にやることが不可欠なわけです。戦略的に考えたら、やはり両方やっていくべきなのです。

人生目標に「抽象度」を上げていく方法

ちなみに、太平洋戦争というのは、もともと大戦略の段階で「この戦争は何年で終わらせる」というシナリオがアメリカで考えられていました。こうした構想のもとに作戦が落とし込まれていました。

たとえば、対日戦争計画の「オレンジ計画」ですが、初めから順次戦略プラス累積戦略でいこうと計算しています。

彼らが目標を大本営に定めていたのは明らかです。その反面、日本はウァーッと出ていって、それでどうするのかというビジョンはまったくありませんでした。もちろん政策も方針もなかった。とにかく突破するだけという感じです。

しかしアメリカのほうは、とにかく日本を潰すんだということで、もう目標は決まっていましたから、そういう意味でやはり強い。

第一次湾岸戦争のときのノーマン・シュワルツコフという米陸軍の将軍がいましたが、そこでも同じ話が出てきます。

あのときの彼が目指したアメリカの陸軍の目標は、とにかくクウェートからイラク軍を追い出すということだけでした。イラク軍をクウェートから撤退させる目的以外の問題が出たときも、それは別に関係ないからそのまま問題を放っておけと言ったのです。これは、目標をものすごく明確化して、それだけを見るように仕向けたわけです。順次戦略で、目標以外を見ないことが重要なのです。

こうした考え方は、抽象度についても同じです。

たとえばグーグルが、ＹｏｕＴｕｂｅを買うときに、ほかのベンチャー起業家たちは「こんなにリスクがある会社を買うのはおかしい」と口々に言いましたが、グーグルの経営陣の思考は抽象度が高くて、「今までの社会がおかしかった、ネットがなかった社会での考え方なら確かに批判は正しい」と考えたわけです。

しかし、ＹｏｕＴｕｂｅはみんなが欲しがっているもので、ネットが普及したあとの社会を誰も考えてないから批判するんだという戦略で、堂々とＰＲをしました。しかも２００人以上の優秀な弁護士を抱えていますから、ネットが出てきてからの会社に対応できるように法案を改正しないといけないという方向に持っていったわけです。つまり、初めから抽象度が高いわけです。

日本の起業家は、「今やると法規制にかかるからダメだ」ということでやめてしまう場合が多い。だから「ルンバ」のような画期的なロボット掃除機を開発できなかったわけです。

ところが、抽象度が高い米国のアイロボット社が先取りして作ってしまった。ネットができてからの社会のほうがみんなが便利になるわけだから、そっちの社会のほうにみんながいくようにネットの会社を作るというふうに、抽象度の高い考えから見れば、物事の動きも先取りできるわけです。

たとえば、ヤマト運輸の小倉昌男氏が官僚や規制と闘ってクロネコヤマトの宅急便を発展させましたが、現在の規制に縛られた状態で考えていたら運送業で日本の宅配便を発展させることなど絶対に実現できなかったはずです。では小倉氏には何があったかというと、抽象度の高い考え方があったわけです。

たとえば何々〝士〟と呼ばれる、いわゆる「サムライ業」ですが、この資格を取ったとして、今の規制の概念の延長で、10年後、20年後までどうなのかというところまで考えてみる必要があります。「戦略の階層」から考えてみると、では弁護士になったらどんな弁護士なのか、税理士だったらどんな税理士になるのかということ以上に、弁護士になって何をするか、税理士になる自分は何者なのか、どういう人間なのかというところまで考えなければいけないということです。

地政学はビジョンを「見える化」したもの

最後に、この戦略論のなかでの地政学の位置づけを説明したいと思います。

地政学で重要なのはビジョンです。私がやっている地政学というのは戦争学だと勘違いされやすくて、要するに軍事戦略の話だと思われています。そういう面で敬遠されている学問です。地政学というものは、「戦争学」なのかと。

もちろんこのようにとらえられるところは、歴史的に見ればある意味で仕方のない部分ではあるのですが、実は地政学というのは軍事戦略のレベルではなくて、大戦略のレベルの話です。

つまり、どこに資源があって、どこに基地を配備するのかというのがテーマなのです。米軍だったらなぜ基地を沖縄に置くのかを分析しつつ、戦争前の準備段階の話を国家レベルで行っています。それを踏まえて兵站《へいたん》とかその辺りを考えるのが地政学なのですが、実は地政学というものは「地理」が関係するわけですから、地理を地図というツールで表す作業が決定的になるのです。

では地図とは何かを考えてみると、あれは１つのビジョンをイメージするツールです。イメージを使ってビジョンを説明するのです。そうすると、国家戦略を説明する際にものすごい説得力が出てくるわけです。

したがって、地政学というのは、戦略の一番上の**「ビジョン」と「大戦略」という２つのレベルのところに関わってくるもの**であることが分かります。ビジョンというのは地理観、世界観ですから、世界観とその大戦略の部分がすごく密接に関わってくるところです。それが地政学です。

つまり、私は地政学が巷で言われているような軍事戦略ではなく、大戦略であるというところを強調したいのです。そうなると、軍事マターよりも政治マターのほうが要素として大きいことがお分かりいただけるかと思います。

ですから、軍事よりもむしろ政治に関する学問なのです。地図のような「目に見える」ツールを使ってビジュアル化できるようなものを、政治的にどういうふうに大戦略レベルで行っていくかを考えるのが、地政学なわけです。

地政学という学問は、かつて日本にもありました。しかし輸入されて本当に活用されていたかはかなり微妙なのですが、その理由はすでに何度も述べた通り、日本人というのはどうしても戦術、技術レベルの話が大好きで、そちらに落とし込もうという勢いが強かったからです。

戦前でもこの傾向は一緒だったようです。そうすると抽象度の高い、大戦略レベルまで考える地政学というものは、もちろんそれなりに研究はされていたけれども、やはり身につかなかったということなのかもしれません。

もちろん、日本のなかでも地政学的な考え方ができている人は稀にいて、戦後ですと吉田茂がなんとかギリギリできていました。しかし、明治時代の人たちのほうが圧倒的に理解していて、大久保利通や伊藤博文などは体験的に分かっていたと思います。たとえば、大久保利通などは日本の大戦略にとっての台湾の重要性に気づいており、台湾出兵の戦後処理の全権弁理大臣として交渉し、清から賠償金をスパッと取ってきました。

彼は大戦略だけではなく、その上の世界観もしっかりしていました。技術とか戦術ではなくて、対外交渉で戦争をしないで安全保障にとって重要となる領土を取ってきたわけです。もちろん交渉力がすごいというのは戦術力とか技術力です。ただ目的を果たすために戦略の階層のバランスがうまくとれているのはすごい感覚です。まさに「戦わずして勝つ」ことを実現させたわけです。

また、中国が得意なのはやはりこの「戦わずして勝つ」です。これは階層の頂点に「中華世界」というビジョンがあり、そこから下ろしてきて政治面でいかに勝つかを考える習慣があるからでしょう。

実際に「戦わずして勝つ」ために、彼らは「嘘も100回言えば真実になる」というナチス顔負けのプロパガンダ（政治宣伝）戦略を仕掛けてきています。南京大虐殺もずっとあったと言って、最後は実際にあったと勘違いをした日本人が、謝ってお金を出してしまいます。

これは累積戦略です。ずっと言っていれば、ある時点で「創発」が起こります。つまり、日本側で呼応する勢力が突然出てくるわけです。

これは中国の長年の知恵と言えるでしょう。

大戦略というレベルだと、思考の抽象度の高さのほかに、経験や教養のようなものがものすごく必要になるわけで、そういうものが現在の日本のエリートにないのが厳しいと感じます。

「累積戦略」はコシの強さを持っている

目標への道のりを一気に花開かせるためには、見える順次戦略ではなくて、もう1つの戦略である累積戦略をやっておくと成果が倍増します。

ただし注意していただきたいのは、順次戦略も本当は重要なのですが、それよりもまず、**コシの強さを持った累積戦略のほうから先に取り掛かるべき**だということです。

この本では、まずあなたに順次戦略の最大の〝武器〟であるビジョンの立て方を学んでもらいたいということが大前提です。ところがこの方法で闘ったとしても、アメリカ、もしくは欧米社会も同じ戦略を長年やってきているわけですから、ようやく彼らに追いつくくらいのレベルだと思ったほうがいいわけです。これをさらに追い越すためには、日本人的には累積戦略もやったほうがいいのです。

しかし、累積戦略を生活のなかに取り入れると、逆に、「結局、毎日素振りしていればいいんでしょう」となり、視野が狭い感じになってしまうことが多いのです。重要なのは、この累積戦略という土台があるから順次戦略が効いてくるという点です。

ところが、最近の日本には「累積戦略なんかいらない」という風潮があり、外国の経営書などに書いてあることばかり追いかけるような、上っ面の理解が増えています。順次戦略だけでいい、陽の戦略だけでいいという安易な思い込みです。これが非常に危ないわけです。順次戦略というのは、累積的な積み重ねがあるからこそ効いてくるのですから。

第2章でも紹介したグーグルの元副社長の村上憲郎氏は、毎日目の前のことを真剣にやりながら、同時に大局を考えなさいと言っているわけで、この2つの戦略バランスの重要性を言っているのです。

つまり、両方を意識しなければいけない。コツコツと毎日目の前のことをやっていて、突然にウァーッと出てくる「創発」を待つ。今までの日本人は、コツコツとやってきたのに「創発」をあまり作れなかったわけですが、これは上のレベルでの順次戦略が弱かったからなのです。

生き残りたいなら、まず「水になれ」

結論として私がこの本の最後で提唱したいのは、全部で3つあります。まず1つ目は、「戦略の階層」を意識して、**自分のビジョンを盛り込んだ戦略文書を書くこと**です。これは順次戦略で、具体的には目標を明確化、数値化、そしてイメージ化することになります。

2つめは累積戦略で、これは日々の習慣を徹底的に変えることです。そしてその儀式的行為を人に見せず、あくまでも自分との戦いにする。さらに自分の宗教と思えるほどまで高める必要があります。何か習慣的なもの、できれば毎日、毎回できるものを見つけてそれを繰り返す。そして自分のコシの強さを身につけるわけです。

そして最後に提唱したいのは、「水になれ」ということです。これはちょっと説明が必要です。

古今東西の代表的な戦略に関する理論書を読んでいくと、そこから浮かび上がってくるアドバイスとして、以下のような3つの共通項が出てきます。それは、

1. 冷静であれ
2. 選択肢を持て
3. 柔軟であれ

というものです。これには、ひねりも何もありません。書かれていること3つをそのまま覚えて実行して欲しいのです。実際に私も3原則で、何度もピンチを切り抜けることができました。

以前のことですが、この3原則を、自分のブログやツイッターで紹介したことがあります。そうしたら私の書き込みを見ていた人がこの3原則を覚えていたらしく、東日本大震災のあとに自宅のあった仙台から避難することになり、この戦略の3原則を思い出して、「そうか冷静にならなきゃいけないんだ」「そうだ選択肢を持たなきゃ」

と考えて、なんとか難を逃れたと教えてくれました。

私の言う3原則が役に立ったと聞いて、ものすごい励みになりました。

要はこのような考え方は、戦略の階層でも上位の抽象度の高い概念がないと、そもそも考えつかないものです。選択肢を持つとか、柔軟になるというのは、上のビジョンくらいの高い概念のほうから見る視点がないと使えないのです。

たとえば、会社を辞めて会計士になると決めても、ほかに同業者が多くいることを知って「あー俺はダメだ」となってしまうかもしれません。ところが、「いや俺がなりたい会計士は、別の概念を持った特別なものだ」と考えられると、そのポジションをあっさり捨てられて、別のことができるかもしれないのです。

もしくは、まったく違う業界で別の仕事をすることができます。つまり、会計士という資格があればプラスされるようなジャンルにもいくことができます。ですから、自分を上から見て、自分がどういった人間かというところから考えれば、会計士そのもの以外にもいろいろな選択肢が増え、それがさらなる強みにもなるのです。

要するに、結論的に言いたいことは、「理論は分かった」というだけではなく、抽象度を上げたり習慣を変えたりということを確実に実行していくための、アクションプランを立てて欲しいのです。

まず「戦略階層」と同じ表をノートに書いて、ビジョンは何だ、政策は何だと書き込んでいきます。最初はうまくいかないかもしれませんが、繰り返し書くうちにだんだんといい目標ができ上がってくるはずです。毎月1回でいいから書いていきましょう。実際に10分もあればできることですから、毎回それを見直していけばいいのです。そうしていると、書いていることの抽象度がだんだんと上がっていきます。

そんなことをしているうちに、自分の読んでいる本も階層に当てはめて、バランスのよい読書もできるようになります。

まず目標設定をして、これを書くこと。「戦略の階層」を書いて、自分の目標を作ってみること。これがワンアクション。そして、目標を作ったあとに絵を描くこと。そうすれば、今度はそれに対するリアクションとしての累積戦略が出てきます。何か1つ、毎日できる「宗教的」な行事を行って心を鍛える。早起きでも掃除でもお百度参りでも何でもいい。これをやったら自分に自信がつくというような、続けられることをスタートするのです。

ちなみにここだけの話ですが、私が最近やっているのは、朝4時に起きて掃除をしてから新聞をたくさん読み込むことです（言ってしまうとマズいのですが）。

見えないこと、見せないこと、掃除をすることでも何でもいいのです。累積戦略は「潜水艦戦」ですから、自分が潜水艦にならなければいけないわけです。潜水艦は、潜って隠れたところから魚雷を発射しなければいけません。ここが重要な点です。「掃除や早起きなど陳腐なことばかりじゃないか」と思われるかもしれませんが、それが一番効くのですから仕方ないのです。

世界的に活躍している某有名デザイナーは、毎朝必ず夜明け前に起きて外に出て、朝日に向かって「頑張るぞー！」と叫ぶのを習慣にしているという話がありますが、これも毎日続けるという一種の累積戦略です。

また、人が見ていないところで、何か貢献をするというのも重要です。だから隠れて献金をするのでもいいでしょう。しかも献金や慈善事業を、なるべく名前を出さずにやるのが重要かと思います。

ここで大事なのは、見せないこと、自分を出さないこと、つまり「自分を捨てる」ことです。

ボランティアをするのもいいのですが、これは決して自慢をしないことが重要です。自分の周りの人たちに隠れてやる、見てないところでやる、自分だけが知っていて、自分だけが褒められることをやる。しかもできれば毎日、毎日やる……。

累積戦略は、自分との勝負です。自分に対して何か約束して、わがままな自分の心を鍛えるところに鍵があるのです。自分のなかの宗教になっていないといけないのです。強いて言えば「自分教」を確立するための行為が必要なのです。何かほかの人と違って、自信になるものが必要です。

いわば小さなヒーロー体験です。まさに新聞配達の話もそうですが、人に見られないもの。これは無私的なヒーローにならなければできません。できれば無私的なもの。そこに自分が入らないもの。自分を捨てるものを累積戦略にしてください。

こうした累積戦略や陰陽の話は少々深いので、チャンスがあったら別の機会に詳しく解説していきたいと思っています。

生き残りのためのリアリズムという〝武器〟

最後にこれからのグローバル世界を生き残るために必要となる、「リアリズム」という視点をあなたに持って欲しいと思っています。

まず現在の日本を取り巻く国際情勢を考えたときに、危機として発生するシナリオを考えてみましょう。たとえば、中国が崩壊するかもしれない、北朝鮮が崩壊するかもしれない、アメリカが軍事同盟を切ってくるかもしれない、沖縄が独立宣言するかもしれない、北方領土が突然返されるかもしれないと、国際情勢についていろいろ出てくるはずです。

たとえばアメリカと手を切るのだったら、日本は再軍備するという視点がセットにならなければいけないわけです。

ところが、日本にはそういうリアリズムの思想がありません。単純な「対米従属」

というビジョンしか出てこないのです。つまり、思考停止に陥っているわけです。ですから、逆に日本は気をつけなければならない。今、世界は危機に陥っているにもかかわらず、日本は平和だったがゆえに視野が狭くなっているからです。

アメリカ側にしてみれば、日本がダメだったらグアムに移転するとか、いろいろな選択肢を持っています。言い換えれば、彼らは「オプション」を持っているのです。たとえばベトナム戦争のときもアメリカは南ベトナムを支えていましたが、形勢が悪くなったら一気に方向転換して撤退となりました。ボートピープルを出すくらい一気に切ってしまったわけです。アメリカを信じて戦ってきた連中の運命が、そこですべて終わったのです。

では、アメリカはなぜこういう非情なことができたかというと、それは自国の国益に合わないと思ったからです。だからこそさっさと撤退することが実際にできたのです。

そう考えると、アメリカは日本に対して、米軍がずっと居続けるわけではなくて、常にいつ撤退するか分からないというカードを持っていることになります。日本人はいつまでもアメリカに甘えようとか、駄々をこねようという選択肢しか考えていないようですが、それでいいわけがないのです。

アメリカと日本は世界観が違う、ビジョンが違うわけです。

アメリカは自分の世界観を持っていて、いきなりリアリズム的な思考を展開して、現実的な思い切った手を打ってくる可能性があります。それが先ほどの「選択肢を持て」ということと、「冷静にならないといけない」という意味です。

もう1つの例として挙げられるのは、第二次大戦中の日本と戦っているときに、アメリカは蔣介石をずっと支援していたのにもかかわらず、戦後、急に毛沢東側に切り替えたことです。

蔣介石は内戦で台湾に逃げたわけですが、アメリカはそれまでさんざん支援しきたのに、どちらが得かと分かったら、イデオロギーなど関係なしにスパッと蔣介石を切りました。そうした非情さを忘れてはならないのです。

というか、国際政治ではそれが当たり前なのです。それを日本人はもう忘れています。アメリカと組んでいれば安心かと言えば、いつ切られるか分からない。

日英同盟も切られたとたんにおかしくなりました。もちろん日英同盟も、そもそもイギリスの立場になって考えてみれば、日本が日露戦争でロシアに勝ってしまったときの保険です。日本が勝ったらイギリスは取り分がもらえます。要するに、イギリスはロシアに対抗していたから、挟み打ちするために日本と組んだというだけです。ですから、柔軟性を持とうと思ったら、そういう非情さが普通の国際ルールだと思わないといけません。

イデオロギーだとか情だとか、それまでの歴史的事実など関係なく、ズバッとやってくるのが、リアリズムの世界の、パワーや国益中心の国家の考え方なのです。

そこであなたのビジョンの遂行のためには、やはり冷静に、柔軟になって、選択肢を持たなければならないのです。

ただし、ここで注意していただきたいのは、「柔軟」というのは物理的に柔らかい意味の「柔軟」ではなくて、「何でもあり」という意味です。これから何でもありの時代になっていくかもしれないわけですから、生き残りのためには、それを個人レベルでもやっていかなければならないのです。

「冷静になる」よりもはるかに難しいのは「柔軟になれ」ということです。今の日本、とくに政府や官僚のほうは、まったく柔軟ではありません。

結局、**「冷静であれ」「選択肢を持て」「柔軟であれ」**の３つは、やはり国民や政府のリーダーたちの間で、確固とした世界観が定着した段階で生まれてくるものです。

昔は会社の寿命が50年あったと言われていますが、今は10年だとか、5年だとか言われています。ですから、大企業でもこれからどうなるか分かりません。考えてみれば、すでに10年前にも日本では銀行が潰れたりしています。銀行は潰れないという「神話」がありましたが、これも無残に崩れ去りました。

いわゆる「もの作り神話」にしても、疑ってかからなければいけないのかもしれないし、EUだっていつまで続くか分からない。アメリカの一極支配もいつまで続くか分からない。中国の繁栄、これもいつまで続くか分からない。

世の中、確実なものなど何もないのです。

これからの国際状況を考えると、本当にいろんな事態が複合的に動いていきます。では自分のポジションは国内でいいのか、海外に出るのか、国内でどれだけのポジションにするのか、そういうことを全部いろいろ考えていかなければなりません。

逆説的ですが、やはり日本人に〝武器〟は必要です。

ただしそれが低い階層のものであった場合、それに固執してはいけない。そこでいったん〝武器〟を捨てる覚悟が必要になってくるのです。

そうなったときに必要なのが、ファーストイメージ思考による自分主体の考え方であり、戦略の階層を意識して抽象度を上げた、陰陽のバランスの取れた戦略なのです。そして、物事に対して冷静に考え、柔軟に対応して、選択肢を多く持つ。これがあなたの人生においても決定的な重要性を持つのです。

おわりに

私のこれまでの人生を振り返ると、正直、まったくと言っていいほど戦略的な人生を歩んできたとは言えません。今は戦略学、地政学者という立場で研究をしておりますが、22歳のときにカナダに留学したのも、そもそも目的なんかありませんでした。なにせそれまでは、いわゆるフリーターでしたから。

しかも、大学で「地理学」の授業を選択したのも、「単位が取りやすそう」と思ったからです。ですから、私も普通の学生と同じように、うまく単位を取って卒業できればいいという口だったのです。

しかし、その地理学のクラスが、その後の私の人生を変えてしまうのですから不思議なものです。

私がこの授業にのめり込んでしまったのは、「はじめに」でも書きましたように、外国人の学生に議論を吹っかけられて無残にも答えることができなかった（悔しくて、歴史や戦争のことを必死に勉強しました）こともありますが、授業そのものに魅せられてしまったことが大きかったのです。

それは、最初の授業の時間でした。

普通、日本で政治地理や、それに関する国際政治などの勉強をする場合、「政治権力を排し、社会格差をなくし、誰かに命令されず、みんなで働いて得た富をみんなに平等に分配しよう」というようなマルクス主義と言うか、理想論を勉強させられます。

しかしその授業では、「近代国家と言っても、実はそれほど成熟しているものではなく、欲と業のかたまりであり、基本的には際限なく増殖しようとするものなのだ」という「超現実主義」と言いますか、リアリズムの世界像を叩き込まれたのです。

これには、私もガツンとやられました。

これまで日本で習ってきた「平和主義」とは何だったのだろうか……。

もっと知りたい。そう思った私は、そこからリアリズム系の授業を取りまくり、気がつけば、当初の留学予定の年数を超えていました。

そんななか、最もおもしろかったものが「地政学」でした。地政学については拙著『地政学』(五月書房刊)と『〝悪の論理〟で世界は動く!』(李白社刊)をぜひともお読みいただきたいのですが、簡単に言ってしまうと、「地図をツールとした大戦略を考える学問」とでも言いましょうか。

この地政学をうまく表現しているのが、ナポレオンの言葉です（もちろん彼は地政学という学問は知りませんでしたが）。

「その国の地図を見せてみろ。そうすればその国の対外政策を教えてやろう」

こんな理論を知っていたら、日本の考えていることなんて手に取るように読み解かれてしまうのではないか、というのが衝撃だったことを今でも覚えています。

「私も地政学の理論を手に入れたい」と思ったものの、カナダでもアメリカでも本格的に地政学を教えている大学はありませんでした。

そこで唯一、イギリスのレディング大学院で「戦略学」のなかの一部として地政学を教えているコリン・グレイ教授という方を知り、何とか手を尽くしてイギリスへと渡ったのです。

そこで戦略学や地政学を学んでいくうちに、専門の研究とは別に「自分自身のアイデンティティー」についても考えるようになりました。もともと「個人向け戦略本」とも言える自己啓発本マニアである私は、国際政治や外交戦略の前に、最小単位である「自分自身」に対しても、深く考えるようになったのです。

そうしているうちに、自分が研究している戦略と個人の目標達成法が、実は同じことを言っているということに気づきました。

そして、私のブログでもそんなことを綴っているうちに、「とても役に立つ考え方です」「欧米社会の常識を知らなければ、日本は危ないですね」「日本人がいかに平和ボケしてしまったか痛感しました」「目標がなぜ達成できないか分かりました」など、多くの感想をいただきました。

そのような経緯もあり、私も「人のために役立つなら」という考えから、自分の専門外のテーマとなる、このような本を出版させていただいたわけです。


少し長くなりました。

最後に、少し意外な話をして締めくくらせていただきます。

私は多くの勉強会や学会、そしてビジネスマンの集まる講演会などに出席させていただいておりますが、本書の戦略におけるファーストイメージの重要性を知るにつれ、リーダーと「運」の関係についても考えるようになりました。

軍事思想家のクラウゼヴィッツは、戦略を実行する優れたリーダーのことを「軍事的天才」と表現しましたが、この天才とは、戦争という複雑な状況の中から勝負をわける決定的な要素を見抜く、いわば「眼力」を持った人のことです。

そしてリーダーがこの「眼力」を身につけるには、究極の判断力となる「運」が必要なのです。

この「運」については個人的にいろいろと書きたいことがあるのですが、ここではあえて述べずに、また将来の別の機会に発表させていただきたいと思っています。

この本を最後までお読みいただきありがとうございました。

私はあなた自身の人生を、主体的に（ファーストイメージ）、戦略的に（7つの階層）、そして多元的（順次／累積）に考えていただき、あなた自身の世界を（水のように）変えていって欲しいと願っております。そしてもし何らかの成果がありましたら、それをお気軽に教えていただければ幸いです。

最後に、この本を書くにあたって企画段階からビジネス的な知識を余すところなく教えていただきました和田憲治さん、また、最後まで励まし続け、超人的な働きで原稿をまとめてくれましたフォレスト出版の稲川智士さんに、心よりお礼申し上げます。ありがとうございました。

奥山真司

〈著者プロフィール〉
奥山真司（おくやま・まさし）
1972年横浜市生まれ。地政学・戦略学者。戦略学博士（Ph.D.）。国際地政学研究所上席研究員。カナダ・ブリティッシュ・コロンビア大学修了（BA）、英国レディング大学院で、戦略学の第一人者コリン・グレイ博士（レーガン政権の核戦略アドバイザー）に師事。現在、国際関係論、戦略学などの翻訳を中心に、セミナーなどで若者に国際政治を教えている。日本にほとんどいないとされる地政学者の旗手として期待されており、ブログ「地政学を英国で学んだ」は、国内外を問わず多くの専門家からも注目され、最新の国家戦略論を紹介している。
著書に『地政学――アメリカの世界戦略地図』(五月書房)、『"悪の論理"で世界は動く！』(李白社)、訳書に『大国政治の悲劇』（ジョン・J・ミアシャイマー著）、『米国世界戦略の核心』（スティーヴン・M・ウォルト著）、『進化する地政学』（コリン・グレイ＆ジェフリー・スローン編著）、『胎動する地政学』（コリン・グレイ＆ジェフリー・スローン編著）、『幻想の平和』（クリストファー・レイン著）、『なぜリーダーはウソをつくのか』(ジョン・J・ミアシャイマー著、以上、五月書房)、『戦略論の原点』（J・C・ワイリー著）、『平和の地政学』（ニコラス・J・スパイクマン著）、『戦略の格言』（コリン・グレイ著）、『現代の軍事戦略入門――陸海空からサイバー、核、宇宙まで』（エリノア・スローン著、以上、芙蓉書房出版）、『南シナ海――中国海洋覇権の野望』（ロバート・D・カプラン著、講談社）、『インド洋圏が、世界を動かす――モンスーンが結ぶ躍進国家群はどこへ向かうのか』（ロバート・D・カプラン著、インターシフト）がある。

◆ブログ「地政学を英国で学んだ」：http://geopoli.exblog.jp/
◆著者Eメール：masa.the.man@gmail.com
◆フェイスブック：リアリスト評議会「アメリカ通信」
http.//www.facebook.com/realist.jp
◆メールマガジン：「日本の情報・戦略を考えるアメリカ通信」

カバーデザイン／川島進（スタジオ・ギブ）
DTP＆図版作成／白石知美（株式会社システムタンク）

世界を変えたいなら一度〝武器〟を捨ててしまおう

2012年 7月 30日　初版発行
2019年 12月 3日　3刷発行

著　者　奥山　真司
発行者　太田　宏
発行所　フォレスト出版株式会社
〒162-0824 東京都新宿区揚場町2－18　白宝ビル5F
電話　03-5229-5750（営業）
　　　03-5229-5757（編集）
URL　http://www.forestpub.co.jp

印刷・製本　中央精版印刷株式会社

ISBN978-4-89451-518-5 Printed in Japan
乱丁・落丁本はお取り替えいたします。